抽水蓄能电站生产准备员工系列培训教材

电气二次设备运检

国网新源集团有限公司　组编

中国电力出版社
CHINA ELECTRIC POWER PRESS

内 容 提 要

为促进抽水蓄能领域人才培养，满足当前抽水蓄能事业快速发展的需要，国网新源集团有限公司组织编写了《抽水蓄能电站生产准备员工系列培训教材》丛书，共 7 个分册，填补了同类培训教材的市场空白。

本书是《电气二次设备运检》分册，共 6 章，主要内容包括：监控系统、继电保护及电网安全自动装置、励磁系统、SFC 系统、直流系统和通信系统几大电气二次系统的整体介绍和运检业务介绍。

本书适合抽水蓄能电站生产准备员工阅读，同时也可供相关科研技术人员和大专院校师生参考使用。

图书在版编目（CIP）数据

抽水蓄能电站生产准备员工系列培训教材. 电气二次设备运检 / 国网新源集团有限公司组编. -- 北京：中国电力出版社，2025. 6. -- ISBN 978-7-5198-9768-0

Ⅰ. TV743

中国国家版本馆 CIP 数据核字第 2025KH1068 号

出版发行：中国电力出版社
地　　址：北京市东城区北京站西街 19 号（邮政编码 100005）
网　　址：http://www.cepp.sgcc.com.cn
责任编辑：孙建英（010-63412369）　孟花林
责任校对：黄　蓓　马　宁
装帧设计：张俊霞
责任印制：吴　迪

印　　刷：三河市航远印刷有限公司
版　　次：2025 年 6 月第一版
印　　次：2025 年 6 月北京第一次印刷
开　　本：787 毫米 × 1092 毫米　16 开本
印　　张：10.75
字　　数：266 千字
定　　价：60.00 元

抽水蓄能电站生产准备员工系列培训教材
电气二次设备运检

编 写 人 员

（按姓氏笔画排序）

于金龙　于　辉　马晓晨　马雪静　王大强　王志祥

王翔宇　方军民　尹广斌　付朝霞　朱　杰　朱相如

危　伟　刘争臻　刘冰娇　刘轩宇　刘园丽　许修乐

孙章豪　孙静雯　李芳菲　李　利　李　侠　李　博

李　赫　李逸凡　杨柳燕　肖维宝　何张进　宋旭峰

宋湘辉　张永会　张冰冰　张　法　张智皓　陆　婷

陈子龙　陈月营　陈　磊　周旭磊　郑宏用　赵忠梅

郝国文　荆大龙　胡海虹　耿沛尧　夏斌强　高　超

高靖宇　郭中元　曹　洋　梁绍泉

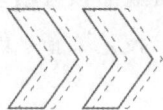

电气二次设备运检

序 言

　　察势者智，驭势者赢。推进中国式现代化是新时代最大政治，高质量发展是全面建设社会主义现代化国家首要任务。能源电力是以高质量发展全面推进中国式现代化战略工程、先导任务、坚实支撑。大力发展抽水蓄能，是推动能源电力行业转型发展，实现"双碳"目标，全面支撑中国式现代化重要着力点。党的二十届三中全会，对健全绿色低碳发展机制、加快规划建设新型能源体系作出重要部署。《中共中央　国务院关于加快经济社会发展全面绿色转型的意见》明确提出，科学布局抽水蓄能、新型储能、光热发电，提升电力系统安全运行、综合调节能力。国家电网有限公司站在当好新型电力系统建设主力军战略高度，出台加快推进抽水蓄能（水电）高质量发展重点措施，推动能源电力绿色低碳转型，更好支撑、服务中国式现代化。

　　作为抽水蓄能行业主力军、专业排头兵，国网新源集团有限公司以服务电网安全稳定高效运行为基本使命，坚持以国家电网有限公司战略为统领，大力推进集团化、集约化、专业化、平台化建设，增强核心功能，提高核心竞争力，努力建设成为国内领先、世界一流的绿色调节电源服务运营商，注重发展和安全、改革和稳定"两个统筹"，强化市场意识、经营意识、竞争意识、效率意识，引导规划政策、价格政策、开发管理政策，健全生产运维体系、建设管理体系、技术管理体系、经营管理体系，不断强化基层、基础、基本功，全面加强技术监督体系、同业对标体系建设，在推进抽水蓄能高质量发展中走在前作表率，为国家电网高质量发展作出积极贡献。

　　千秋基业，人才为本。生产技能人员是抽水蓄能人才队伍基础力量。近年来，国网新源集团有限公司坚持人才引领发展战略地位，大力实施电力工匠塑造工程，构建以"为人才成长助力、为业务发展赋能"为使命的"四全"人才培养体系，健全培训全要素，完善培训全流程，覆盖职业全周期，支撑集团全专业，不断提升生产技能人员培养系统性、实效性，为抽水蓄能发展提供了有力技能支撑、人才保障。

　　围绕决胜"十四五"，布局"十五五"，国网新源集团有限公司纵深推进新时代人才强企战略，拓宽人才发展通道，构建"领导职务、职员职级、科研、技能"四通道并行互通的人才发展体系，构建思想引领有力、服务发展有为、赋能增智有方、支撑保障有效的教育培训新格局，加大生产技能人员培养使用力度，更好发挥生产技能人员专业支撑、技艺革新、经验传承作用。

作为生产技能人员队伍重要组成部分，抽水蓄能电站生产准备员工核心专业知识、核心专业技能水平，事关《抽水蓄能电站高质量发展，事关抽水蓄能中长期发展规划（2021～2035年）》落地见效。为加快建设知识型、技能型、创新型抽水蓄能电站生产准备员工，更好传承核心专业知识、核心专业技能，国网新源集团有限公司组织华东天荒坪抽水蓄能有限责任公司、浙江仙居抽水蓄能有限公司、华东宜兴抽水蓄能有限公司等15家单位，150余名具有丰富教育培训、生产技能经验专家，历时3年，编写《抽水蓄能电站生产准备员工系列培训教材》。

本套教材共7个分册，全景式介绍抽水蓄能电站生产准备基本知识、基本技能，以及电站运维管理、电气一次设备运检、机械设备运检、电气二次设备运检、水工建筑物及辅机设备运检知识和技能。本套教材遵循科学性、实用性、通用性、特色性原则，创新基础理论、实操技能、典型案例的三元融合模式，努力打造抽水蓄能电站生产准备员工"工具书"，填补同类培训教材市场"空白"。

本套教材主要使用对象是抽水蓄能电站生产准备员工，以及抽水蓄能行业科研技术人员、大专院校师生。通过研读本套教材，有助于快速提升抽水蓄能电站生产准备员工核心专业知识、核心专业技能，加快补齐知识短板、夯实技能底板、锻造特色长板，为抽水蓄能行业高质量发展贡献国网新源力量，为全面推进中国式现代化作出新的更大贡献。

电气二次设备运检

前　言

在全球能源格局加速调整、绿色低碳发展成为时代主题的当下，抽水蓄能作为构建新型电力系统的关键支撑，其重要性愈发凸显。国家能源局发布的《抽水蓄能中长期发展规划（2021~2035 年）》中明确指出，要加快抽水蓄能电站核准建设，到 2030 年，抽水蓄能投产总规模较"十四五"再翻一番，达到 1.2 亿 kW 左右。加快推进抽水蓄能事业发展，离不开一支高素质的生产准备员工队伍。

为加快抽水蓄能生产准备员工队伍建设，提高生产准备员工培训的系统性、针对性和时效性，促进抽水蓄能电站高质量发展，国网新源集团有限公司组织集团范围内具有丰富培训教学和管理经验的专家编写了本套教材。

本套教材共 7 个分册，全面阐述了生产准备员工应具备的基本知识、基本技能、各设备运维技能和管理技能。内容遵循科学性、实用性、通用性、特色性的原则，解读相关工作原理与工作要求，介绍相关典型案例，集理论与实践一体，体现了教育培训"工具书"的特点，做到了培训知识和培训实践有机结合。

本套教材编写工作于 2022 年 10 月启动，经过多次编审，不断完善改进，形成终稿。参与编写工作的人员来自国网新源集团有限公司、国网新源集团有限公司丰满培训中心、山东泰山抽水蓄能有限公司、华东桐柏抽水蓄能发电有限责任公司、华东天荒坪抽水蓄能有限责任公司、浙江仙居抽水蓄能有限公司、华东宜兴抽水蓄能有限公司、华东琅琊山抽水蓄能有限责任公司、安徽响水涧抽水蓄能有限公司、福建仙游抽水蓄能有限公司、河南宝泉抽水蓄能有限公司、湖南黑麋峰抽水蓄能有限公司、辽宁蒲石河抽水蓄能有限公司等 15 家单位，共 150 余人。

鉴于经验水平和编制时间有限，本套教材难免存在疏漏之处，恳请各位专家和读者提出宝贵意见，使之不断完善。

《抽水蓄能电站生产准备员工系列培训教材》编委会

2025 年 1 月

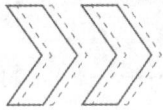

电气二次设备运检

目 录

序言

前言

第一章　监控系统……………………………………………………………… 1

　　第一节　监控系统概述 ……………………………………………… 1

　　第二节　监控系统运检 ……………………………………………… 14

　　第三节　抽水蓄能机组控制流程 ………………………………… 19

　　思考题 ………………………………………………………………… 31

第二章　继电保护及电网安全自动装置…………………………………… 32

　　第一节　继电保护概述 ……………………………………………… 32

　　第二节　继电保护运检 ……………………………………………… 39

　　第三节　频率协控系统运检 ………………………………………… 56

　　思考题 ………………………………………………………………… 68

第三章　励磁系统…………………………………………………………… 69

　　第一节　励磁系统概述 ……………………………………………… 69

　　第二节　励磁装置运检 ……………………………………………… 83

　　思考题 ………………………………………………………………… 101

第四章　SFC 系统 ·· 102

第一节　SFC 系统概述 ·· 102

第二节　SFC 装置运检 ·· 114

思考题 ·· 131

第五章　直流系统 ·· 132

第一节　直流系统设备概述及工作原理 ······················· 132

第二节　直流系统设备运检 ···································· 135

思考题 ·· 148

第六章　通信系统 ·· 149

第一节　通信系统概述 ··· 149

第二节　通信设备运检 ··· 154

思考题 ·· 160

参考文献 ··· 161

第一章　监控系统

本章概述

本章主要介绍了监控系统的基本定义及监控系统的日常维护要点，详述了抽水蓄能电站中的机组控制流程。通过本章的学习，读者可以建立对监控系统的基本认识，也可以掌握抽水蓄能机组各工况开停机的步骤及辅机配合情况。

学习目标

学习目标	
知识目标	1. 能简述监控系统术语定义、原理及作用。 2. 能列举监控系统常用传感器。 3. 能简述监控系统典型结构。 4. 能简述监控系统的巡检、日常维护、检修的规范及标准。 5. 能记住抽水蓄能机组不同状态的定义。 6. 能简述机组常用工况的转换流程。 7. 能阐述典型跳闸矩阵。 8. 知道抽水蓄能机组各个工况含义。 9. 了解抽水蓄能机组常用工况间转换的主要条件。 10. 能描述出故障停机流程。
技能目标	—

第一节　监控系统概述

一、监控系统术语定义

（一）数据采集与监视控制系统（supervisory control and data acquisition，SCADA）

对现场的运行设备进行监视和控制，以实现数据采集、设备控制、测量、参数调节以及各类信号报警等各项功能的系统。

（二）远程终端单元（remote terminal unit，RTU）

一种针对通信距离较长和工业现场环境恶劣而设计的具有模块化结构的、特殊的计算机测控单元。

（三）现地控制单元（local control unit，LCU）

负责对机组、开关站、公共设备和厂用电系统等设备实施监控的设备。

（四）自动发电控制（automatic generation control，AGC）

在满足各项限制条件的前提下，以快速、经济的方式控制整个电站的有功功率来满足电力系统需要的控制功能。

（五）自动电压控制（automatic voltage control，AVC）

在满足各项限制条件的前提下，按厂内高压母线电压及全厂的无功功率进行优化实时控制，以满足电力系统需要的控制功能。

（六）厂站层设备（power plant level device）

水电厂计算机监控系统的中央控制级设备，包括主机和工作站等设备。

（七）冗余（redundancy）

两台计算机以主备方式运行，当主计算机发生故障后，备用计算机在不中断任务的方式下自动顶替已发生故障的主计算机运行；或者两台计算机以互为备用方式运行，当某一台计算机发生故障后，另一台计算机在不中断任务的方式下自动顶替已发生故障的计算机运行。

（八）主机（main server）

也称数据服务器，承担监控系统后台工作的计算机，负责自动发电控制、自动电压控制、实时数据库、数据统计处理、专家系统等功能。

（九）操作员工作站（operator work station）

运行值班人员与监控系统的人机联系设备，用于监视与控制。

（十）工程师工作站（engineer work station）

维护工程师与监控系统的人机联系设备，用于程序开发、调试、系统维护等。

（十一）培训工作站（training work station）

培训人员与监控系统的人机联系设备，用于仿真培训。

（十二）测点（processing point）

数据采集点，包括从现场采集和外部链路数据等。

（十三）网控（power grid control）

监控系统与电网调度相关功能的控制权转移至电网调度，并由其操作员工作站完成对相关设备的唯一控制。

（十四）梯控（cascade dispatch Control）

监控系统与梯级调度相关功能的控制权转移至梯级调度，并由其操作员工作站完成对相关设备的唯一控制。

（十五）站控（station control）

监控系统控制权在电站厂站层，并由其操作员工作站完成对设备的唯一控制。

二、监控系统原理及作用

（一）监控系统原理

抽水蓄能电站监控系统的站控层（即上位机）通常采用无主机的分布式计算机控制系统。该系统主要由两种类型的单元组成：一类是由多功能处理器（MFP）构成的控制单元；另一类是由微机组成的工作站、计算机监控维护工具、与总调通信链路（控制链路和操作链路）及报表工作站组成。

多功能处理器（MFP）构成的控制单元和各工作站均连接到贯穿全厂的实时控制通信网上。实时控制通信网是以同轴电缆、光缆作为传输媒介的高速通信网，其数据传送方式为无主站单方向串行数据通信，网络结构采用冗余结构；此外，实时控制通信网还采用数据压缩、例外报告打包和多地址传送等技术，提高了数据处理效率和吞吐量，通过肯定应答和循环冗余检查等多次自检功能来保证数据的完整、准确，此时冗余网络切换不影响系统功能。同时，所有的工作站还与电站管理网络（局域网）相连进行批信息交换。实时控制通信网在过程控制中产生一些涉及测量、操作、报警及管理等的信息，经过一定的技术处理，形成一种反映信息值的专门报告。

（二）监控系统作用

监控系统的主要作用是安全操作、实时监测和可靠控制，为了满足电站生产运行的功能要求，计算机监控系统采用开放式分层分布结构和全分布数据库。整个监控系统由调度控制层设备、厂站控制层设备、现地控制层设备和通信网络组成。

1. 调度控制层作用

调度控制层负责与电网调度系统通信，向电网调度系统上送遥测量和遥信量，接收电网调度系统下发的遥调量和遥控量，实现电网调度系统对电站的远程监视和控制，调度控制层支持多种调度通信规约，根据电网调度系统要求选用相应的调度通信规约。调度控制层支持同时与多个调度系统进行通信，上送遥测量和遥信量给多个调度系统，但同一时刻只允许执行一个调度系统的遥控、遥调命令。

调度通信信息点表一般有遥测（remote telemetry）、遥信（remote signaling）、遥控（remote control）、遥调（remote regulation）四种。

2. 厂站控制层作用

厂站控制层监控设备由实时数据服务器、历史数据服务器、操作员工作站、工程师工作站、调度通信工作站、厂内通信工作站、语音报警工作站、网络设备、不间断电源和卫星同步时钟装置等设备组成。厂站控制层监控系统完成对电站所有被控对象的安全监控。监控对象包括地下厂房、中控楼、开关站、上水库、下水库等区域的所有设备。

（1）数据采集和处理。厂站控制层监控系统实时采集来自现地控制层的所有运行设备的模拟量、开关量等信息，以及来自调度控制层的控制命令。数据采集分为周期巡检和随机事件采集。

采集的数据用于画面的显示、更新，报警，记录，统计，报表，控制调节和事故分析。

厂站控制层监控系统自动从各现地控制单元采集开关量和电气、温度、压力等模拟量，掌握设备动作情况，收集越限报警信息并及时显示、登录在报警区内，并可根据数据库的定义进行归档、存储、生成报表、实时曲线或事故追忆显示等操作。

厂站控制层监控系统还会更新实时数据库和历史数据库，并将实时数据分配到有关工作站，供显示、刷新，打印、检索等使用。

（2）设备监视。监视功能主要包括运行监视、过程监视以及运行状态监视和分析。

1）运行监视。监视各设备的运行工况、位置、参数等，如机组工况、机组功率、断路器位置、隔离开关位置等。当电站设备工作异常时，给出提示信息，自动启动音响报警、语音电话或手机短信自动报警系统，并在操作员工作站上显示报警及故障信息。

2）过程监视。监视机组各种运行工况转换操作过程及各电压等级开关操作过程，在发生过程阻滞或超时时，显示阻滞或超时原因，并自动将设备转入安全状态，在值守人员确定原因并消除阻滞或超时后，才允许由人工干预回到启动初始状态。

3）运行状态监视和分析。各类现地自动控制设备的启动及运行间隔有一定的规律，如油泵、技术供水泵、空气压缩机等，厂站控制层监控系统自动分析这些规律，监视这类设备及对应的控制设备是否异常。

（3）控制和调节。运行操作人员通过人机接口对监控对象进行控制和调节，主要控制和调节包括机组各工况启停和工况转换控制，机组和全厂的有功功率、无功功率及电压调节，发电机出口电压及以上电压等级断路器、隔离开关的合分闸操作控制，厂用电开关的合分闸操作控制，全厂公用和机组附属设备（各轴承冷却油泵、技术供水泵等）的开启或关闭操作控制等。自动状态下，监控系统通过自动发电控制或自动电压控制，对机组功率、电压进行调节，保证机组频率、电压在允许范围内，实现电网稳定运行。

1）自动发电控制（automatic generation control，AGC）。自动发电控制的控制方式为闭环自动功率控制，主要功能是按照调度系统下发的负荷曲线或实时给定负荷值，同时考虑上、下水库的水位，机组的运行效率和运行限制条件等因素，根据机组的优先权，确定最佳的运行机组台数、机组的组合方式和机组间的最佳有功功率分配，并自动触发相应机组启停控制，分配机组有功功率指令到相应机组，调节机组负荷分配采用平均分配或其他优化计算方法。

2）自动电压控制（automatic voltage control，AVC）。自动电压控制的控制方式为闭环自动电压控制，主要功能是及时平稳地维持电站母线电压在给定目标值，当电站母线电压不满足调度或电站操作人员给定目标值要求时，自动完成机组间无功功率的合理分配，按等无功功率、等功率因数或其他准则调整各机组无功功率，以维持电站母线电压。自动电压控制对电站母线电压为正的调差特性为电压升高，送出无功功率增加；电压降低，送出无功功率减少。

（4）记录与显示。厂站控制层监控系统实时记录全厂所有监控对象的操作命令、所有现

4

地控制单元的开关量、模拟量及报警事件等信息，按发生时间顺序显示与报警。记录与报警的主要功能包括操作事件记录、报警记录和报表记录。

通过人机接口实现信息显示功能。人机接口主要对设备运行参数、事故和故障状态等以数字、文字、图形、表格的方式组织画面进行动态显示，具有多窗口功能，能分区显示画面、报警窗口和控制对话框等窗口。显示的画面主要包含单线图类、曲线类、棒图类、报警画面类、表格类、趋势类。

（5）运行管理与指导。运行管理与指导主要包括控制过程指导、电站一次设备操作指导、机组抽水启动设备操作指导、厂用电系统操作指导与事故和故障操作处理指导。

（6）数据通信。厂站控制层与各现地控制单元通信，接收各现地控制单元上送的各种信息，并向各现地控制单元发送控制调节指令。

3. 现地控制层作用

现地控制层的主要功能是对所管辖的生产过程进行数据采集、监测、处理，并根据要求对设备进行控制，现地控制层通过输入、输出接口与生产设备相连，通过通信接口接到监控系统网络上，与电站控制层交换信息。现地控制层对厂站控制层具有相对独立性，能脱离厂站控制层直接完成生产过程的实时数据采集及预处理、单元设备状态监视、控制和调节等功能。

根据设备布置，抽水蓄能电站一般设置以下现地控制层设备：机组现地控制单元、公用现地控制单元（包含主变压器、机组公用）、开关站现地控制单元、下水库（中控楼）现地控制单元、上水库现地控制单元、尾调现地控制单元、远动现地控制单元。各现地控制单元的功能类似，主要区别为采集的信息不同。以下对现地控制单元功能进行介绍。

（1）数据采集和处理。现地控制单元的数据采集有定时循环采集和随机事件采集两种方式，定时循环采集是根据不同的任务、不同的优先处理要求，设定相应的数据扫描周期；而随机事件采集则按中断方式，对发生变化的数据即时采集。

现地控制层按照数据就地处理的原则自动完成数据处理任务，仅向厂站控制层传送其运行、控制、监视所必需的数据，并在现地控制单元上提供显示及相应的报警。各现地控制单元采集各自区域的电气量、非电气量信息等，用于监控逻辑判断、告警监视、设备控制、各单元间数据交互等。

（2）控制与显示。现地控制单元具有显示、监视用的人机接口。与厂站控制层和监视对象的控制保护系统配合，完成对该区域设备的控制及安全监视任务，异常时还可发报警显示和音响。现地/远方切换开关布置在现地控制单元屏上。

机组现地控制单元接收厂站控制层的控制、调节命令对监控对象进行控制、调节。机组现地控制单元在没有厂站控制层命令或脱离厂站控制层的情况下，也能独立完成对所控设备的控制与调节，以保证机组安全运行和开停机操作。机组现地控制单元与机组附属设备配合，完成机组工况转换控制与调节，机组附属设备配备独立完善的现地控制系统，机组现地控制单元与这些设备仅有简单的命令和信息交换。机组现地控制单元与主变压器现地控制单元协调配合，可以自动或以单步方式完成机组的抽水启动控制。机组现地控制单元与厂房公用设备现地控制单元及主变压器现地控制单元协调配合，完成机组黑启动及相关厂用电开关操作控制。机组现地控制单元可实现对机组控制范围内的断路器和各种隔离开关的分合控制，并具有完善的安全闭锁措施。

上水库现地控制单元接收厂站控制层关于上水库进出水口事故闸门的充水、开启及关闭控制，这些控制具有严格的安全闭锁逻辑。在现地控制单元与厂站控制层脱机时，在地下厂房水位异常升高控制系统自动启动时，能完成上水库进出水口事故闸门紧急关闭控制，并有严格的安全闭锁，当上水库进出水口闸门下滑或不正常关闭时，与机组现地控制单元协调，自动完成相应的两台机组快速停机，上述控制均需有严格的安全闭锁。下水库（中控楼）及尾调现地控制单元情况类似。

远动现地控制单元将其他现地控制单元采集的数据筛选后，按照上级调度需求，上送相关模拟量及开关量信号，实现遥测、遥信功能。同时，上级调度根据需求可通过远动现地控制单元对厂站内设备下发相关模拟量及开关量信号，实现遥调、遥控功能。

（3）数据通信。各现地控制单元通过交换机组成监控环网，完成现地控制单元及上位机、服务器等设备之间的数据交换，实时上送厂站控制层所需的过程信息，接收厂站控制层的控制和调节命令。除了系统内的通信外，卫星时钟系统的对时信息可通过网络数据通信，对网络各节点设备进行时钟同步对时。

（4）自诊断与自恢复功能。现地控制单元具有硬件故障诊断功能，在线或离线自检设备的故障，故障诊断能定位到模件。此外，还具有软件故障诊断功能，在线自检应用软件运行情况，若遇故障能自动给出故障性质及涉及的功能，并提供相应的软件诊断工具。在线运行时，当诊断出故障，自动闭锁控制出口，切换到备用系统，并将故障信息上送厂站控制层报警显示。当故障消失后，自动恢复到正常运行状态具有失电保护功能，当机组现地控制单元双路电源消失，机组事故停机硬布线回路将启动紧急事故停机流程。当电源恢复时，监控系统将自动恢复并且其参数和程序不变，电源恢复瞬间，闭锁输出。现地控制单元中运行的软件可通过笔记本电脑现地在线维护或通过工程师工作站进行远方在线维护，维护时不影响现地控制单元的运行。其他现地控制单元此功能与机组现地控制单元相同。

4. 通信网络作用

监控系统的通信网络是指将各个孤立的设备进行物理连接，实现人与人、人与计算机、计算机与计算机之间进行信息交换的链路，从而达到资源共享和通信的目的。厂站内的通信网络多通过网线、光纤、串口线等进行连接，实现厂内设备的信息上送与控制。厂站与调度之间的通信多通过专用光纤、同轴电缆、通信设备（如 SDH 设备）等进行连接，实现厂站与调度的信息交互。通过光纤、网线、设备等相互连接，从而形成拓扑，方便了解厂站设备信息传输的架构。

因现场设备厂家不同，为完成监控系统与各装置之间的数据交互，除了满足物理连接外，还需要选择对应的通信协议。通信协议是指双方实体完成通信或服务所必须遵循的规则和约定。协议定义了数据单元使用的格式，信息单元应该包含的信息与含义、连接方式、信息发送和接收的时序，从而确保网络中数据顺利地传送到确定的地方。常见的通信协议包括串行通信协议（如 Modbus、RS-232、RS-485 等）、IEC 60870-5-104（简称 IEC 104 协议）、IEC 60870-5-103（简称 IEC 103 协议）、IEC 60870-5-102（简称 IEC 102 协议）、IEC 61850 等。

三、监控系统常用传感器

监控系统常用的监测装置包括电压表、电流表、传感器等设备，这些设备将所监测的信息以开关量或模拟量的形式上送至监控板卡，从而用于监控逻辑判断。现场实测值常转换为 4~20mA、0~10V 等变量上送。

传感器是一种检测装置，能感受到被测量的信息，并能将感受到的信息按一定规律变换成为电信号或其他所需形式的信息输出，以满足信息的传输、处理、存储、显示、记录和控制等要求。传感器是实现自动检测和自动控制的首要环节，其存在和发展让物体有了触觉、味觉和嗅觉等感官，让物体慢慢变得活了起来。通常根据传感器的基本感知功能可将其分为热敏元件、光敏元件、气敏元件、力敏元件、磁敏元件、湿敏元件、声敏元件、放射线敏感元件、色敏元件和味敏元件等十大类。传感器一般由敏感元件、转换元件、变换电路和辅助电源四部分组成。电站常用传感器分为温度传感器、压力传感器、流量传感器、位移传感器、转速传感器、其他等六类。

1. 温度传感器

温度传感器是指能感受温度并转换成可用输出信号的传感器。温度传感器是温度测量仪表的核心部分，品种繁多。温度传感器有四种主要类型，即热电偶、热敏电阻、电阻温度检测器（RTD）和 IC 温度传感器。

2. 压力传感器

压力传感器是能感受压力信号，并能按照一定的规律将压力信号转换成可用的输出的电信号的器件或装置。压力传感器通常由压力敏感元件和信号处理单元组成。按不同的测试压力类型，压力传感器可分为表压传感器、差压传感器和绝压传感器。

3. 流量传感器

流量传感器是利用霍尔元件的霍尔效应来测量磁性物理量的。流量传感器可分为流量变送器和流量开关，流量变送器主要由铜阀体、水流转子组件、稳流组件和霍尔元件组成，用于给监控系统上送流量模拟量，当水流过转子组件时，磁性转子转动，并且转速随着流量呈线性变化；流量开关常用为热导式流量开关，用于给监控系统上送流量开关量。

4. 位移传感器

位移传感器又称线性传感器，是一种属于金属感应的线性器件，传感器的作用是把各种被测物理量转换为电量。物体的位移会引起电位器移动端的电阻变化，因此阻值的变化量反映了位移的量值，阻值的增加、减小则表明了位移的方向。根据运动方式，位移传感器可分为直线位移传感器、角度位移传感器；根据材质，位移传感器可分为霍耳式位移传感器、光电式位移传感器。其中振摆监测中使用的振动传感器、摆度传感器实际为位移传感器上送数据，通过位移、时间、加速度等计算结果判断设备振摆情况。

5. 转速传感器

转速传感器是将旋转物体的转速转换为电量输出的传感器。转速传感器属于间接式测量装置，可用机械、电气、磁、光和混合式等方法制造。转速传感器由磁敏电阻作感应元件，是新型的转速传感器。核心部件是采用磁敏电阻作为检测的元件，再经过全新的信号处理电路令噪声降低，功能更完善。通过与其他类型转速传感器的输出波形对比，其所测到转速的误差极小且线性特性具有很好的一致性。

6. 其他

除上述五种常见传感器外，水电厂常用传感器还有油混水测量装置、液位变送器等传感器。

四、监控系统典型结构

（一）电站的监控系统组成

电站的监控系统也常被称作计算机监控系统。计算机监控系统由工业控制装置和生产过程两大部分组成。工业控制装置是指按生产过程控制的特点和要求而设计的计算机，其包括硬件和软件两部分。生产过程包括被控对象、测量变送、执行机构、电气开关等装置。计算机监控系统的组成框图如图 1-1-1 所示，图中的控制装置可由工业控制机或 PLC 等构成，而生产过程中的测量变送、执行机构、电气开关都有各种类型的标准产品，在设计计算机监控系统时，根据需要合理选型即可。

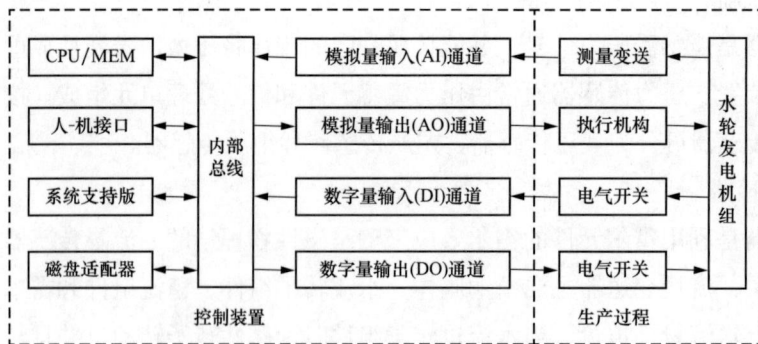

图 1-1-1　计算机监控系统的组成框图

电站的监控系统由调度控制层设备、厂站控制层设备、现地控制层设备和通信网络组成。

1. 调度控制层

调度控制层负责与电网调度系统通信，向电网调度系统上送遥测量和遥信量，接收电网调度系统下发的遥调量和遥控量，实现电网调度系统对电站的远程监视和控制，调度控制层支持多种调度通信规约，根据电网调度系统要求选用相应的调度通信规约。调度控制层支持同时与多个调度系统进行通信，上送遥测量和遥信量给多个调度系统，但同一时刻只允许执行一个调度系统的遥控、遥调命令。

2. 厂站控制层

厂站控制层主要由操作员工作站、工程师工作站和电站成组控制器组成，厂站控制层的作用为实现运行值班人员对全电站生产过程监视和控制，对运行中的事件和报警进行管理，并对有关数据进行趋势跟踪显示和存档。

3. 现地控制层

现地控制层面向生产设备，一般称为现地控制单元（LCU）。现地控制层主要功能是对所管辖的生产设备进行数据采集、监测、控制等，相关数据包括设备稳态与暂态数据采集。现地控制层通过输入、输出接口与生产设备相连，通过通信接口与监控网络相连，从而实现与电站控制层交换信息。

4. 通信网络

通信网络是实现设备与设备、厂站与调度之间通信的物理连接，通过配置相应的通信协议以实现信息的交互。通信网络多通过网线、光纤、串口线、专用通信设备等进行物理连接。

（二）电站的监控系统典型结构

计算机监控系统的结构即系统的布局问题，其涉及的因素很多，诸如电站的装机容量和机组台数，电厂在电力系统中的地位，计算机在电厂自动化中的功能，选用的计算机机型及性能等。按照水电厂自动控制的设计水平，已经能够实现在中央控制室统观全厂的运行状态，发布操作的命令启停水轮发电机组，进行有功和无功的自动调整。然而，计算机监控系统结构布局的具体实现必须充分考虑多方面的因素，并作出科学的论证，以保证运行的安全和经济、管理和维护方便等。这里，从工业自动化计算机监控系统的一般划分，并依据目前水电站的实际情况，归纳为以下几种结构形式。

1. 集中式监控系统

在计算机应用的早期，由于其价格昂贵，计算机在水电厂监控中的应用还处于研究和探索阶段，为了充分发挥一台计算机的潜力，一般只设一台计算机对全厂进行集中监控，称作集中式监控系统。集中布置的计算机承担整个水电厂的全部监控任务。水电厂的全部运行参数和状态信号、控制回路及执行继电器等几乎都集中在计算机及其外围设备的输入、输出接口上。全厂的数据采集和处理、异常状态报警等任务均由计算机分时执行。

集中式监控系统的基本特点是结构较为简单、不分层（不设采用计算机的现地控制级设备），较易于实现。首先，由于只有一台计算机，一切计算处理都要在此进行，所有信息都要送到这里，所有操作、控制命令都要从此处发出，因而只要计算机出现故障，整个控制系统就会瘫痪，只能改为手动控制运行，性能大大降低，这是集中式监控系统的致命弱点。其次，由于所有信息都要送到这台计算机，现场需要敷设很多电缆，机组台数越多，电缆也越多，这不但增加了投资，且降低了系统的可靠性，电缆及其接头容易发生故障，通信也是薄弱环节。集中式监控系统示意图如图 1-1-2 所示。

2. 功能分散式监控系统

随着计算机价格的下降和水电厂对监控系统可靠性要求的提高，为了克服上述集中式监控系统存在的缺点，出现了功能分散式监控系统。此时，计算机实现的各项功能不再由一台

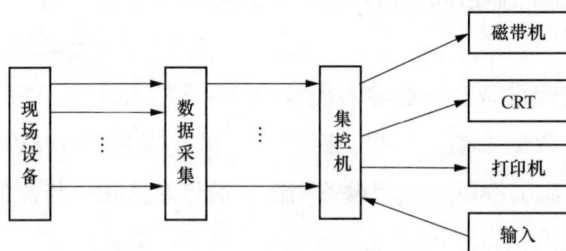

图 1-1-2　集中式监控系统示意图

计算机来完成，而是由多台计算机分别完成。由于功能分散式监控系统的各台计算机只负责完成某一项或一项以上的任务，因此出现了一系列完成专项功能的计算机，如数据采集计算机、调整控制计算机、事件记录计算机、通信计算机等。这是一种横向的分散、功能的分散，如果某一台计算机出现故障，只影响某一项功能，而其他功能仍然可以实施，可靠性在某种程度上有所提高。由于功能分散，每台计算机的负载可以减少，一般均可由微机来承担。这样就出现了多微机系统，即可用多台微机来完成原先由一台高性能小型机完成的任务，经济效益相对提高。

功能分散式监控系统组成框图如图 1-1-3 所示，图中的水电厂监控系统设有 3 套由微机组成的专用功能装置，即参数检测记录装置、事件顺序记录装置和控制调节装置，机组的控制仍由常规自动装置完成。

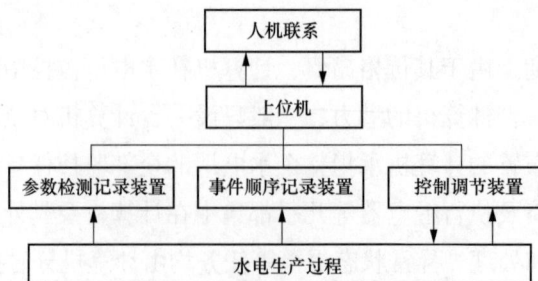

图 1-1-3　功能分散式监控系统组成框图

功能分散式监控系统仍没有解决集中式监控系统的所有问题，如某个功能装置计算机故障，则全厂的这部分功能均将丧失，影响较大；而且仍然没有解决要将所有信息集中到一处（用电缆）所带来的问题。功能分散式监控系统的可靠性仍然不是很高，因此功能分散式监控系统目前已经很少采用。

3. 分层分布式监控系统

上述信息过于集中的矛盾可以用分布处理的方式来解决。水电厂采用的处理通常是与分层控制结合在一起的，因而其实质上是一种分层分布式监控系统。

分层控制理论是 20 世纪 80 年代发展起来的一种新理论，它是控制理论的一个分支，是从控制论的角度来研究多个互相影响的系统的控制方法。对于大多数大、中型水电厂，其发电、输电生产是一个综合复杂的过程，从控制论的角度，按其命令的产生、命令执行结果信息的反馈流向、被采集的信息上送关系、各级的操作权限等来看，是一个典型的正置三角形的中央－地方式的、带有一定程度中央集权性质的系统。因此，将水电厂的监控系统构成一个分层控制结构是合理的。从水电厂必须执行的操作，如执行网调的调度命令、正常及事故时电厂操作员的操作控制、全厂各台机组的成组控制以及现地闭环控制等来看，采用分层控制结构是符合水电厂的生产特点的。与水电厂控制相应的层次可以分为梯级调度层、厂站监控层、机组操作层、辅助设备控制层等，其中梯级调度层仅适用于梯级水电厂，一般电厂仅有后 3 个层次。

与集中控制方式相比，分层控制方式有下列优点：凡是不涉及全系统性质的监控功能可安排在较低层实现，这不仅加速了控制过程的实现，提高了响应性能，而且减轻了控制中心的负担，减少了大量的信息传输，同时提高了系统的可靠性。在分层控制系统中，即使系统的某个部分因发生故障而停止工作，系统的其他部分仍能正常工作，分层之间还可以互为备用，从而大大地提高了整个系统的可靠性。采用分层控制方式时，对控制设备和信息传输设备的要求可适当降低，需要传送的信息量减少，敷设的电缆也大大减少，主计算机的负担也减轻，这些均导致监控系统设备投资的减少。分层控制系统可以灵活地适应被控制生产过程的变更和扩大，可实施分阶段投资，这些都提高了系统的灵活性和经济性。由于分层控制方式通常采用多机系统，各级计算机容量和配置可以与要实现的功能更为紧密地配合，使最低一层的计算机更为实用，整个系统的工作效率更加提高。

分层控制方式有以下缺点：采用分层控制方式时，整个系统的控制比较复杂，常常需要实行迭代式控制。迭代式控制指的是达到最终需要实现的工况（最优工况）往往不能仅靠一次计算控制，而要依靠多次迭代计算来完成。因而降低了整个控制的实时性，这是针对全局性控制而言的。多机系统的软件相当复杂，需要很好的协调。

总体来说，分层控制方式的优点还是主要的。现在除了一些小规模的控制系统外，大都采用分层控制方式。在实现分层控制时，合理地确定层次和在各层次之间合理分配功能，对保证系统可靠而又灵活地运行至关重要。

分布式计算机系统包含多个独立但又有相互作用的计算机，它们对一个共同问题进行合作。其最基本的要求是：① 多个分布的资源；② 统一的操作系统；③ 资源独立而又相互作用。这里主要要求资源物理上的分布而不强调是地理上的分布。

按功能分布的结构目前多用于水电厂监控系统的全厂级设备或上位机部分，它一般由一台或两台计算机（或工作站）构成单个或冗余系统，完成指定的功能，如操作员工作站、通信工作站以及在某些情况下配置的事件顺序记录工作站等。在这些功能群的内部，可以采用单机独立运行、双机冗余运行或 3 机冗余运行的方式工作，而这些功能群之间一般是相对独立的，在功能上不能替代。但也有例外，如操作员工作站出故障时，可用工程师工作站来顶替其工作，使监控系统仍能维持正常运行。

按对象分布的系统，特别强调在产生数据的地方就近分析和处理数据，其目的是减少通信的信息量，充分利用现场能采集到的各种信息进行综合分析后，再向上级传送结果或中间结果，即所谓"熟数据"。这种方式通常适用于机组级控制终端，其具备的功能含有综合的特征，如包括数据采集、分析处理、事件分辨、机组顺控、有功和无功功率调节以及与上位机之间进行通信等。按被控对象分布的优点是各控制终端相互独立，一个现地子系统或控制终端（LCU）故障只影响一台水轮发电机组，提高了全系统的可用性及可靠性。此外，由于现地子系统或控制终端具有相当大的独立性，本身又具备较完整的处理功能，即使上位机部分或全部故障，其仍能维持被控对象的安全运行，也很适合于水电厂机组分期安装的情况。

分层分布式监控系统在地域上是分散的，即按控制对象进行分散。水电厂的控制对象是水轮发电机组、开关站、公用设备、溢洪闸门等。按控制对象设置单独的控制单元称作现地控制单元，它们由微机或可编程控制器等构成，组成了现地控制级（或称现地控制层）。电厂控制级（层）也设计算机，主要负责一些全厂性功能。电厂控制级本身也可以是一个功能分散的系统，由多台计算机组成。此时，某个机组控制单元发生故障，只影响这一台机组，而不影响整个电厂的运行。由于信息进行了分布处理，即各台机组的信息由各台机组控制单元进行处理，不必敷设许多电缆将信息送到一处集中处理，可以节省相应的投资。由于以上两方面的原因，整个系统的可靠性也得到显著提高。

由于分层分布式监控系统有以上优点，其已取代其他两种类型而成为水电厂监控系统的主要类型。近年来新投运的水电厂监控系统几乎都采用分层分布式的。中华人民共和国电力行业标准 DL/T 578《水电厂计算机监控系统基本技术条件》中明确指出，监控系统宜采用分层分布式结构，分设负责全厂集中监控任务的电厂级及完成机组、开关站和公用设备等监控任务的现地控制级。

以上讨论的集中式、分散式和分布式 3 种概念仅就计算机监控系统的结构而言，并未涉及控制方式。从电厂值班员的角度看，上述 3 种方式中控制地点在地理上都是集中的。

4. 开放式系统

随着水电能源的大力开发，水电厂的装机容量越来越大，要实现的功能越来越多，计算机系统的规模也就越来越大。由单一厂商包揽控制系统的全部硬件和软件已变得越来越困难，不得不采用由多个厂商提供的硬件和软件，但不同厂商的硬软件之间如何接口、如何协调工作非常关键。随着生产技术的发展，原有计算机监控系统的规模和功能也需要扩充，新增加的硬件设备如何与原有系统接口就是个大问题；随着系统的扩充，有时需要开发一些新的软件，原有软件怎么办，能不能保留，如何接口，都是需要解决的问题。由于过去各厂商之间的硬件和软件接口不标准，使扩充工作变得困难，导致不得不废弃原来的一些硬、软件，甚至更新整个系统，使投资大大增加。因此，这些问题急需解决。

随着计算机技术的发展，特别是精简指令集计算机技术的出现，使上述问题的解决变得较为容易。与此同时，开放式计算机系统也应运而生。开放式系统可以定义为以下的结构：不同厂家的设备可以通过其设备特征以对系统透明的方式在功能上实现集成。下面介绍开放式系统的特点。

（1）体系结构模块化。需要先将整个系统划分成若干子系统或功能模块，使模块内功能和数据都相对集中，而模块间的信息交换较少，从而便于标准化。

（2）模块接口标准化。接口的标准化简化了模块的连接，增加了各模块的相对独立性，为系统的局部更换奠定了基础。

（3）功能处理分布化。利用标准的接口或介质，将功能相对独立的模块分布到若干个处理器上，既可大幅度提高整个系统的处理能力，又使系统的可扩展性增强，使局部升级得以实现。新开发的一些开放式系统，大都以局域网（LAN）为核心骨架，连接作为人机系统的一系列工作站、负责数据采集和监控的监控与数据采集系统（supervisory control and data acquisition，SCADA），以及网络分析处理的一系列服务器，这种模式也称作大模块横向分布式体系结构。

（4）应用软件的可移植性。当硬件和操作系统，即一种计算机平台更换时，用户所开发的应用软件仍能移植到新的计算机平台上，因而用户的软件资源可以得到保护。

（5）不同系统之间的相互操作性。在多厂家计算机组成的网络系统中，用户可以共享网络中的各种资源，包括硬件、软件、信息等，在这种共享操作中不需要用户进行特殊识别和转换等处理。

以往的分层分布系统中，都有一个或多个（冗余系统）主计算机用于存放监控系统的数据库。监控系统中各子系统，如操作员工作站、现地控制单元等，虽然通过网络连接，具备了共享信息的条件，但由于系统数据库是集中式的，网络中各节点的工作往往对系统数据库有相当的依赖性，一旦主机出现故障，全系统功能将受到影响。以分布式数据库为特征的开放式分层全分布系统是监控系统的一种新结构模式，在此系统中，网络上各节点具有一定的功能，而且在各节点上分布着与该节点功能相关的数据库。该系统中的厂级计算机也只是网络上的一个节点，其数据库只是为了实现该节点对应的全厂统计、AGC、AVC 等功能，而不是全厂唯一的总数据库。这样，在网络上各节点之间可进行所需信息的交换，而不再依赖厂级计算机。例如，操作员工作站可以在厂级计算机未投入运行的情况下，从各现地控制单元采集数据、更新画面，也可将运行人员在工作站上下达的操作命令通过网络直接传送给现地控制单元去执行，而不需厂级计算机转发。整个系统中各设备都遵循 IEEE、ISO、IEC 等有关标准接入一个全开放式总线网络，采用以 UNIX 操作系统为基础的操作系统。

第二节　监控系统运检

一、监控系统巡检

计算机监控系统设备巡检分为日常巡检和特巡，主要包括计算机监控系统中的有关画面、计算机监控系统的外围设备（包括打印机、语音报警系统等）、监控系统安防设备、电源系统、现地控制单元、辅助设备控制系统等。每天应对监控系统设备至少进行 1 次日常巡检。其中监控系统操作员工作站、现地控制单元、工程师工作站、服务器等设备的巡视重点为检查各上位机及服务器是否存在卡顿情况，时钟是否准确，现地控制单元各指示灯是否正常，旋钮指示的模式是否符合当前设备状态，通信是否完好等。

（一）每天巡检内容

（1）检查计算机机房空调设备运行情况和机房湿度是否在规定的范围内。

（2）检查监控系统各设备工作状态指示是否正常。

（3）检查监控系统网络运行是否正常。

（4）检查监控系统内部通信以及系统与外部通信是否正常。

（5）检查由监控系统驱动的模拟显示屏显示是否正常。

（6）检查实时数据刷新、事件及报警是否正常。

（二）每周巡检内容

（1）检查监控系统时钟是否正常，各设备的时钟是否同步。

（2）检查监控系统电源部分的输入电压、输出电压、输出电流是否正常。

（3）检查设备、盘柜冷却风扇运行是否正常。

（4）检查自动发电控制、自动电压控制软件工作是否正常。

（5）检查报表生成与打印、报警及事件打印等功能是否正常。

（6）审计、分析、检查操作系统、数据库是否正常。

（7）检查历史数据库备份装置是否工作正常，并检查磁盘空间，保持足够的磁盘空间裕量。

（8）检查计算机设备 CPU 负荷率、内存使用情况、应用程序进程或服务的状态。

（三）特巡内容

当发生以下情况时应执行特巡：

（1）设备新投运或检修后恢复运行。

（2）现地控制单元与上位机通信发生中断，暂时无法恢复时。

（3）监控系统服务器出现单台或两台故障时。

（4）监控系统电源单路运行时。

（5）设备运行参数超过规定值。

（6）机组频繁启动。

二、监控系统日常维护

（一）设备维护内容

1. 上位机设备的维护

（1）对上位机监控计算机主机及网络设备每年进行停电除尘一次。

（2）上位机设备每半年冷启动一次，以消除由于系统软件的隐含缺陷对系统运行产生的不利影响。

（3）对计算机附属的光盘驱动器等应使用专用清洁工具进行清洁，对机房内显示器、键盘、鼠标的清洁必须每月进行一次。

（4）检查通信软件的运行情况，进行数据核对，以确保数据通信的正确。

（5）检查机组运行监视程序工作的正确性。

（6）定期做好应用软件的备份工作。软件改动后立即进行备份，在软件无改动的情况下，每年备份一次，备份介质应实行异地存放。

（7）做好软件版本的管理工作，确保保存最近三个版本的软件。

（8）检查计算机监控系统运行监视与保护程序的限值的设置情况。

（9）对数据库、文件系统进行备份。

（10）检查不间断电源设备（UPS），每半年对蓄电池进行一次充放电维护。

2. 现地控制单元的维护

（1）现地控制单元设备每年进行停电除尘一次。

（2）定期备份现地控制单元软件，无软件修改的备份一年一次，有软件修改的，修改前后各备份一次。

（3）现地控制单元随被监控的设备定检进行相应的检查和维护：

1）现地控制单元工作电源检测并试验。

2）电源、风机设备检查和处理。

3）模拟量输入模件通道检查。

4）开关量输入模件通道检查。

5）开关量输出模件检查。

6）事件顺序记录模件通道检查。

7）测速装置通道检查。

8）测温模件通道检查。

9）同期装置参数检查。

10）网络连接线缆检查。

11）光纤通道检查。

12）现地控制单元与远程 I/O 柜的连接、通信检查与处理。

13）现地控制单元与上位机通信通道的检查与处理。

14）现地控制单元与其他设备的通信检查与处理。

15）接口连线检查、端子排查、紧固。

16）接口连线绝缘检查。

17）控制流程的检查与模拟试验。

18）时钟同步测试。

三、监控系统检修

（一）检修的分类

根据机组检修规模和停用时间，将抽水蓄能电站设备的检修分为 A、B、C、D 四个等级。

A 级检修又叫扩大性大修，是指对设备进行全面的解体检查和修理，定、转子吊出，设备改造、更换等，以保持、恢复或提高设备性能。A 级检修是停机时间最长、最彻底的检修工作。检修周期宜为 10 年，也可根据设备技术文件要求、国内外同类型机组的检修实践、机组运行状况、设备实际运行小时数或规定的等效运行小时数等方面综合分析、评定后确定。工期一般为 70～110 天，具体需结合机组容量、转轮直径等进行判断。

B 级检修是对设备进行部分解体检查和修理，以 C 级检修标准项目为基础，有针对性地解决 C 级检修工期无法安排的重大缺陷。工期以 C 级检修工期为基准，根据调整项目适当延长。

C 级检修是指根据设备的磨损、老化规律，有重点地对机组进行检查、评估、修理、清扫。C 级检修可进行少量零件的更换、设备的消缺、调整、预防性试验等作业。C 级检修周期宜为 1 年，有 A 级检修的年份不安排 C 级检修。工期一般为 11～26 天，具体需结合机组容量、转轮直径等进行判断。

D 级检修是指当机组总体运行状况良好，而对主要设备及其附属系统进行的消缺性维修。D 级检修周期宜为 1 年。工期不超过 7 天。

（二）监控系统检修内容

监控系统检修分为 A、C 两个等级，下面分别介绍其检修内容。

1. A级检修项目主要内容

A级检修项目主要内容有：① 对设备进行检查、清扫、测量、调整和修理；② 定期监测、试验、校验和鉴定；③ 按规定需要更换零部件；④ 按各项技术监督规定检查；⑤ 结合检修消除的设备缺陷和隐患，完成设备技术文件要求的项目。

监控系统A级检修应包括对电站级和现地控制单元级设备进行性能测试、控制监视功能测试、电源系统测试、数据和软件备份、输入输出通道检测、设备清扫等工作。机组现地控制单元检修应结合所控机组A级检修同步实施，公用系统现地控制单元检修应结合所控设备相应检修级别同步实施。

2. C级检修项目主要内容

C级检修项目主要内容有：① 对设备进行清扫、检查和处理易损部件，可进行实测和试验；② 按各项技术监督规定检查；③ 结合检修消除的设备缺陷和隐患；④ 完成设备技术文件要求的项目。

监控系统C级检修应包括对电站级和现地控制单元级设备进行清扫、控制监视功能测试、电源系统测试、数据和软件备份等工作。机组现地控制单元检修应结合所控机组C级检修同步实施，公用系统现地控制单元检修应结合所控设备相应检修级别同步实施。

（三）常见的监控相关校验工作

1. 继电器校验

监控系统现场设备中继电器是极为重要的元器件，且数量较多。继电器主要起到触点拓展作用，使得回路中一项条件满足后可实现其他多回路的控制。继电器校验项目包括绕组电阻、触点电阻、动作电压、返回电压、动作时间等，涉及电阻使用万用表进行测量，涉及电压需使用继保仪加合适的电压，逐步调整后确认动作电压、返回电压、动作时间等数据。测试前需查阅继电器铭牌以确认额定电压。触点电阻一般小于 1Ω；动作电压一般大于 $50\%U_n$（ U_n 为额定电压），小于 $75\%U_n$；返回电压一般大于 $5\%U_n$，小于 $50\%U_n$；动作时间一般小于 $20ms$。

2. 同期装置校验

电力系统运行过程中常需要把系统的联络线或联络变压器与电力系统进行并列，这种将小系统通过断路器等开关设备并入大系统的操作称为同期操作。同期即开关设备两侧电压大小相等、频率相等、相位相同。

同期装置是一种在电力系统运行过程中执行并网时使用的指示、监视、控制装置，它可以检测并网点两侧的电网频率、电压幅值、电压相位是否达到条件，以辅助手动并网或实现自动并网。因此，在校验同期装置时需要先校验装置的二次电压采样通道，具体可参照 Q/GDW 1899《交流采样测量装置校验规范》执行。

在校验装置功能时，需要分别就电压差、频率差、相角差校验，各差值在装置设定范围内动作即可。

3. 电阻温度检测器校验

热电阻（RTD）是一种特殊的电阻，其阻值会随着温度的升高而变大，随着温度的降低而减小。工业上利用其这一特性进行温度测量。RTD 在不同温度下的阻值可以用公式（1-2-1）来近似计算。

$$R = R_0(1+\alpha T) \qquad (1-2-1)$$

式中　R_0——RTD 在 0℃下的电阻值；

　　　α——温度系数，表示单位温度下电阻的变化值；

　　　T——测量温度，单位为℃。

根据 RTD 的引出线数量的不同，RTD 可分为两线制、三线制和四线制。两线制 RTD 的引线是直接在电阻的两端引出两条导线到测温模块上。测温模块采用电桥平衡的原理，RTD 作为电桥的一个臂进行测量。为了消除 RTD 引线对测量结果的影响，许多 RTD 采用三线制形式。三线制是在两线制的基础上，从电阻的一端引出第三条线。四线制 RTD 是在三线制的基础上又增加了一条线，即电阻的两端各有两条线。四线制 RTD 可以完全消除引线电阻的影响，精度非常高，一般用在实验室或者对精度要求很高的场合。

常用的热电阻有 Pt100，其温度系数为 0.00392，R_0 为 100Ω。

四、监控系统典型缺陷及处理措施

1. 机组 LCU 死机

若机组 LCU 死机，则只会影响本机组，如在开机状态下，因无法检测到机组状态，LCU 会自动转停机，密切监视机组停机过程是否正常，若不正常应到现场检查机组停机情况，特别要注意高压注油泵是否启动及机械刹车是否投入正常，保证机组可靠停稳。

当该机组无法正常停机，密切监视其他机组的运行情况，监视机组负荷，根据调度命令调整其他机组的负荷或停机；对于本台机组，可以通过紧急停机按钮或者操作水轮机层的调速器机械柜现场操作紧急停机阀来完成停机。

发现机组 LCU 死机应迅速查找监控系统死机原因并通知维护人员处理并消除。

2. 操作员工作站死机

（1）若是一个操作员工作站死机，如果另外一个操作员工作站仍可正常工作，则对全厂机组设备的运行不会造成太大影响，应进行以下操作：

1）通过另一个操作员工作站或其他 LCU 的现地控制屏，密切监视全厂机组的运行情况。

2）立即通知检修人员对死机操作员工作站进行检修处理，处理过程中应注意不要对机组设备的正常运行造成影响。

（2）若两个操作员工作站及工程师工作站同时死机，且对机组设备无法控制，应进行以下操作：

1）在机组现地控制盘上将机组控制方式切至"LOCAL"，若机组仍在运行，应密切监视机组的运行情况，加强巡检，通知检修人员查找故障，进行处理。

2）监视机组负荷，根据调度命令调整相应机组的负荷或停机（可通过现地触摸屏或者到调速器系统控制）。

3）若造成机组停机，则密切监视机组停机过程是否正常，若不正常应到现场检查机组停机情况，特别要注意高压注油泵是否启动及机械刹车是否投入正常，保证机组可靠停稳；同时通知检修人员立即进行处理。

3. 开机或工况转换预条件不满足

（1）查阅报警站最新出现的二级以上报警。

（2）检查程序预条件设置。

（3）结合现地设备及时予以排除，解除闭锁。

第三节 抽水蓄能机组控制流程

一、机组状态定义

（一）停机（stop）

断开发电机断路器，完成灭磁过程后，机组无转速，主进水阀、技术供水主阀等在关闭位置，且辅机设备停止运行，机组恢复备用，可向任意其他工况转换。机组处于停机状态。

（二）发电工况（generator operation mode）

从上水库放水流向下水库，冲动抽水蓄能机组水轮机转子转动，将水势能转化为电能的运行方式。

（三）发电调相工况（generator condenser mode）

机组在发电工况运行时，关闭导叶、球阀并用高压气将转轮室水位压在水轮机下方运行的一种方式。发电机不发出有功功率，只用来向电网输送感性无功功率的运行状态，从而起到调节系统无功、维持系统电压水平的作用。

（四）抽水工况（pumping operation mode）

也称水泵工况，指可逆式抽水蓄能机组利用电力系统多余电能将下水库的水抽到上水库储存备用时的运行方式。

（五）抽水调相工况（pump condenser mode）

机组抽水方向启动，对转轮室充气压水，使水轮机在拖动装置作用下逐步转动起来，并网运行的一种方式。

（六）静止（stationary state）

机组工况转换过程中的过渡工况，此时机组技术供水主阀打开，技术供水泵运行，辅机设备运行，机组无转速。

（七）黑启动（black start）

整个系统因故障停运后，系统全部停电（不排除孤立小电网仍维持运行），处于全"黑"状态，不依赖别的网络帮助，通过系统中具有自启动能力的发电机组启动，带动无自启动能力的发电机组，逐渐扩大系统恢复范围，最终实现整个系统的恢复。

（八）背靠背启动（back-to-back activation）

一台机组以拖动工况启动，通过启动回路驱动另一台机组以抽水方向启动的同步启动方式。电站静止变频启动装置（SFC）以变频启动为主，背靠背启动为备。

（九）线路充电（line charging）

机组带变压器、线路以零起升压方式给主变压器、线路充电的一种运行方式。

（十）启动条件（starting conditions）

机组处于停机备用时，当需要机组转换为某一工况，需确认该工况相关设备是否具备运行条件。

（十一）旋转备用（spinning reserve）

特指运行正常的发电机维持额定转速，随时可以并网，或已并网但仅带一部分负荷，随时可以加出力至额定容量的发电机组状态。旋转备用容量是指在系统当前的负荷需求下机组同步运行时的有效生产能力的总和。

（十二）顺序控制（sequence control）

简称顺控，泛指抽蓄机组工况转换过程，通过分步骤控制技术供水、机械制动、主进水阀、调速器、励磁等相关系统设备，实现机组启动或转停机的过程。

（十三）工况转换（condition conversion）

由一种工况向另一种工况转换的过程。

（十四）并网（grid connection）

发电机组的输电线路与输电网接通。抽水蓄能机组常见为发电并网与抽水并网。发电并网指机组换向开关发电方向合闸，机组断路器合闸，输送电能至线路，送出有功，吸收少量无功。抽水并网指机组换向开关抽水方向合闸，机组断路器合闸，输电线路与电力网络接通，从电网吸收有功，发送少量无功，实现储能的作用。

（十五）稳态（steady state）

在所有瞬态效应消失后，当所有输入变量保持恒定时系统所维持的状态。

（十六）暂态（transient state）

当过程变量或变量已经改变并且系统尚未达到稳定状态时，系统被称为处于瞬态状态，又称为暂态。暂态是一个变量随时间变化的过程。

（十七）跳闸（trip）

通过手动或自动控制或者通过保护装置将断路器断开。机组跳闸一般分为机械跳闸与电气跳闸。

电气跳闸又称电气事故停机，一般是指发电机、主变压器、辅助设备的电气保护动作，影响机组安全稳定运行的事故。该事故发生时为防止事故扩大，需将机组与系统迅速解列，先分发电机出口断路器（GCB）、分灭磁开关，发调速器停机令、球阀关闭令等，执行相关停机流程。

机械跳闸又称机械事故停机，一般是发电机的轴瓦、振动、水位、油温超出正常范围后影响机组安全稳定运行的事故，该事故发生后不需要立即与系统解列，先减负荷到跳闸范围内或到规定时执行相关的停机流程。

（十八）同期合闸（synchronizing closing）

在开关两侧电压、频率相等，相序、相位相同的情况下进行合闸，此时合闸才不会有冲击电流。如果不同期合闸，冲击电流过大，开关会自动跳闸。同期点只是一瞬间，人为操作难以把握，现在同期合闸是利用微机在同期点自动发出合闸信号。

（十九）发电机出口断路器（generator circuit-breaker，GCB）

主要用于机组与线路之间的并网连接，具备分断短路电流的能力，常使用 SF_6 作为灭弧介质。

（二十）换相开关（phase resersal disconnector，PRD）

也称换相闸刀，在抽水蓄能机组中，通过换相开关闭合的闸刀不同来实现机组电源相位的变化，来实现机组的启停与发电、抽水工况的变化。常见的换相开关不具备分断短路电流的能力，位于 GCB 与主变压器之间。

（二十一）静止变频器（static frequency changer，SFC）

用于拖动机组进行水泵方向启动的装置。

二、机组工况转换

（一）机组状态的分类

抽水蓄能机组的运行工况较多，对机组的状态分类也不完全相同，但主要仍为稳态和暂态分类。以某抽水蓄能电站机组状态为例，该电站机组稳态包含停机（stop）、发电（go）、发电调相（SCT）、抽水（PO）、抽水调相（SCP）；特殊状态为线路充电（LC）、黑启动（BS）；暂态为水泵拖动（pump launcher）；特定的暂态为静止态（STST）、水轮机态。其中，水轮机态含义同部分电站的旋转备用、空载状态。

在工况转换过程中，只有当一步所需条件全部收到反馈后才会执行下一步步序，如果步序中某个条件一直未达到，则会出现步序超时或跳闸信号，机组开始进行转停机流程。停机过程若某条件未达到，则机组无法达到稳态，需人为干预使机组进入停机稳态以便进行故障查找。

（二）常见的工况转换流程

1. 停机－发电

（1）初始条件。初始条件为机组启动需满足的起始条件，初始条件全部满足时，机组具备开机条件。发电工况初始条件包含：

1）LCU 控制方式现地或远方；同期装置自动；LCU 公用交流电源 1/2 可用；LCU 的 LC/BS 禁止；LCU 速度传感器正常。

2）励磁系统自动、远控；调速器远控、正常；调速器功率变送器正常。

3）电气制动刀远控；电气制动刀接地开关分闸位置；中性点隔离开关远控；GCB 和 PRD 远控；GCB、PRD 同期电压互感器（TV）小断路器合位；换相开关发电机侧接地开关分闸位置；PRD 发电模式，远控。

4）尾水闸门打开；压力钢管压力正常；蜗壳压力正常；网压正常。

5）机械制动气压正常，机械制动气阀自动；机械制动手动刹车退出。

6）交直流高压油泵正常位置、自动；上、下导油雾风机自动；调速器油泵连续或间断工作模式；调速器油泵 1/2 自动；调速器冷却油泵自动；发电机公用交流 1/2 可用。

7）发电机空气冷却器冷却水阀远控；顶盖排水泵自动；主进水阀 / 旁通阀自动；主进水阀锁定 1/2 退出；小导叶 1/2 关闭；导叶锁定退出；水机排气紧急关闭阀打开；水导油雾风机自动；检修密封退出；水机盘交流电源 1/2 正常。

8）机组技术供水泵 1/2 自动；技术供水过滤器 1/2 自动；技术供水主阀自动、远控；主轴密封冷却水泵自动。

9）主变压器油泵 1/2/3 自动；主变压器冷却水阀 1/2/3 自动、远控；主变压器空载冷却水阀自动、远控；主变压器机组侧 TV 小断路器在合位；主变压器交流电源自动。

10）上库闸门启闭机主电源投入、远控、全开等；发电方向水道可用。

（2）停机－静止态。此转换流程主要需关注技术供水运行情况，确认辅机运行正常，机组水流量、油压正常。步序 1 结果参见静止态，如下：

1）1 台技术供水泵运行且压力正常；技术供水泵主阀打开；水导冷却水流量正常；主轴密封冷却水流量正常；转轮上下密封环冷却水消失；发电机冷却水流量正常。

2）1 台调速器油泵运行；水导油雾风机运行；调速器主供油阀打开；调速器控制油压正常；交流高压油泵运行；推力轴承高压油油压正常。

3）水机停机阀在停机位置；导叶全关；主进水阀全关；主进水阀旁通阀 1、2 关闭；制动除尘器 1/2 停止；上、下导瓦温正常；转轮室排气阀关闭；充气压水阀关闭；充气压水补气阀关闭；尾水管排气阀关闭；蜗壳－尾水旁通阀关闭；调速器开限最小位置。

4）机械制动在投入状态；GCB、PRD、电气制动刀、拖动刀、被拖动刀在分位；中性点隔离开关在合位；励磁在退出位置；转速小于 1% 额定转速。

（3）静止态－水轮机态。此流程转换完成，机组处于空载状态，即旋转备用，此状态

GCB 未合闸。

1）步序 1：换相开关发电方向闭合。

2）步序 2：开主进水阀，主进水阀开度达到 50% 额定开度。

3）步序 3：水机停机阀复位；机械制动退出；推力轴承高压油油压正常。

4）步序 4：调速器水轮机运行模式；机组发电方向转向；主进水阀全开；转速大于 90% 额定转速。

（4）水轮机态－发电态。此流程主要完成机组并网及功率上升的过程。

1）步序 1：励磁投入；机端电压大于 90% 额定电压；调速器同期准备好；GCB 合闸选择开关在 LC/BS 禁止位置；发电机出口断路器（GCB）在分位。

2）步序 2：发电机出口断路器（GCB）闭合；调速器在有功控制或开度控制模式；发电机有功功率大于最小有功功率，功率按计划曲线上升，或按要求手动设定有功功率。

2. 停机－发电调相

（1）发电调相工况初始条件。与"（二）－1－（1）"发电态初始条件一致。

（2）停机－发电调相必须经过发电工况，停机－发电如"（二）－1"所述，发电－发电调相步序内容如下：

1）步序 1：调速器开限最小位置；导叶关闭；小导叶 1/2 关闭；发电机无功功率小于最小无功功率。

2）步序 2：尾水管水位低（压水过程）；确认小导叶 1/2 关闭。

3）步序 3：主进水阀全关；主进水阀旁通阀 1、2 关闭；水机主压水阀关闭；水机辅助压水阀关闭（压水完成）；水机压水保持运行。

4）步序 4：励磁无功控制模式；调速器调相运行模式；蜗壳－尾水旁通阀打开。

3. 发电调相－发电

（1）步序 1：蜗壳－尾水旁通阀关闭；发电机无功功率小于最小无功功率，或者励磁空载；调速器调相运行模式消失。

（2）步序 2：主进水阀全开；主进水阀旁通阀 1、2 关闭。

（3）步序 3：水机主压水阀关闭；水机辅助压水阀关闭；尾水管水位高（排气）；转轮室排气阀关闭，或转轮室紧急排气阀关闭；水机压水保持关闭；水机停机阀复位。

（4）步序 4：调速器功率控制模式，或开度控制模式；机端功率大于最小有功功率；发电机出口断路器在合位。

4. 发电调相－停机

发电调相－停机实际为发电调相－静止态－停机态的一个过程。

（1）步序 1：发电机无功功率小于最小无功功率，或者励磁空载；调速器调相运行模式消失。

（2）步序 2：发电机出口断路器打开（GCB 分闸）；励磁退出。

（3）步序 3：PRD 打开；蜗壳－尾水管旁通阀关闭；转轮室排气阀关闭，或转轮室排气紧急阀关闭（排气完成）；水机压水主阀关闭；水机辅助压水阀关闭；尾水管水位高；导叶关闭；调速器开限最小位置；水机压水保持关闭。

（4）步序 4：信号内容参见"（二）－1－（2）"静止态信号内容。

（5）步序 5：此步序主要为关技术供水，辅机停运。转换流程信号参照机组停机态信号。信号如下：

1）技术供水泵 1/2 停止；技术供水主阀关闭；主轴密封冷却水流量低；转轮上、下密封环冷却水消失。

2）水导油雾风机停止；调速器主供油阀关闭；调速器控制油压消失；调速器开限最小位置；交直流高压油泵停止；制动除尘器 1/2 停止；机械制动投入。

3）水机停机阀停机位置；导叶全关；主进水阀全关；主进水阀旁通阀 1、2 关闭；转轮室排气阀关闭；充气压水阀关闭；充气压水补气阀关闭；尾水管排水阀关闭；蜗壳－尾水旁通阀关闭。

4）GCB 分位；PRD 分位；拖动刀、被拖动刀分位；中性点隔离开关合位；励磁退出。

5. 发电－停机

发电－停机工况转换全流程为发电－水轮机－静止－停机。具体步序内容如下：

（1）步序 1：发电机有功功率小于最小有功功率，或导叶空载；发电机无功功率小于最小无功功率，或励磁空载。

（2）步序 2：GCB 分闸；灭磁开关（FB）在分位。

（3）步序 3：调速器开限最小位置；导叶关闭；PRD 打开；中性点隔离开关在合位；励磁退出；GCB 在分位。

（4）步序 4：主进水阀全关；主进水阀旁通阀 1、2 关闭；水机停机阀停机位置；机械制动投入；转速小于 1% 额定转速；导叶关闭。

（5）步序 5：信号内容同停机态信号。

6. 停机－抽水

停机－抽水转换过程实际为停机－静止－抽水调相－抽水。

（1）抽水调相工况初始条件。在发电工况初始条件"（二）－1－（1）－1）～9）"的基础上，增加 SFC 和 BTB 的判定条件，具体如下：

1）SFC 可用或 SFC 准备好；SFC 远控；SFC 输入断路器、输出断路器、输入隔离开关（启动机组侧）、输出隔离开关在远控，且工作正常；SFC 输出断路器、SFC 输出隔离开关在分位。

2）机组低压冷却水压力正常。

3）SFC 启动未被其他机组闭锁。

4）BTB 启动未被其他机组闭锁。

（2）抽水工况初始条件。在抽水调相工况初始条件的基础上，增加水道与闸门的判定条件，具体如下：

1）上库闸门全开；上库闸门主电源投入；上库闸门远控。

2）抽水方向水道可用。

（3）停机-静止。同发电方向工况转换信号，信号内容参见静止态"（二）-1-（2）"。

（4）静止-抽水调相。具体如下：

1）SFC启动：机组开机前确认抽水机组为SFC启动模式。具体步序如下：

a.步序1：PRD抽水方向闭合；SFC输入隔离开关机组侧闸刀闭合；SFC输出隔离开关本侧机组闭合；SFC冷却水流量正常；被拖动刀闭合；SFC可用，或SFC启动准备好。

b.步序2：励磁SFC模式；主进水阀全关；主进水阀旁通阀1、2关闭；导叶关闭；调速器开限最小位置；SFC辅助设备已启动；SFC启动准备好。

c.步序3：尾水管水位低（压水）。

d.步序4：机械制动退出；蜗壳尾水旁通阀打开；水机主压水阀关闭；水机辅助压水阀关闭；推力轴承高压油油压正常。

e.步序5：机组抽水转向；机端电压大于90%额定电压；转速大于90%额定转速；SFC转速大于90%额定转速。

f.步序6：GCB合闸；SFC出口断路器打开；SFC停止（需机组并网之后SFC停止运行，否则会造成机组并网失败）。

g.步序7：调速器调相运行模式；水机停机阀复位。

h.步序8：SFC输出隔离开关本侧机组打开；被拖动刀打开。

2）BTB启动：在开机前确认选择背靠背启动模式，要选择一台拖动机组。

a.拖动机组走停机流程。拖动机组流程如下：

a）步序1：中性点隔离开关打开；PRD在分位（拖动机组不并网）；拖动刀闭合；被拖动机组的被拖动刀闭合。

b）步序2：灭磁开关闭合；励磁背靠背模式；调速器背靠背拖动机模式。

c）步序3：GCB闭合；主进水阀全开；主进水阀旁通阀1、2关闭；机械制动退出；水机停机阀复位；推力轴承高压油油压正常，或转速大于90%额定转速（与被拖动机组同步升转速，拖动机组转速稍高于被拖动机组）。

d）步序4：GCB分闸（被拖动机组并网后，拖动机拖动结束）。

e）步序5：励磁退出；中性点隔离开关闭合；拖动刀打开。

b.被拖动机组流程如下：

a）步序1：PRD抽水方向闭合；启动母线准备好；拖动机组的拖动刀闭合。

b）步序2：励磁背靠背模式；被拖动刀闭合；主进水阀全关；主进水阀旁通阀1、2关闭；导叶关闭；调速器开限最小位置。

c）步序3：尾水管水位低（压水）。

d）步序 4：机械制动退出；蜗壳–尾水旁通阀打开；水机主压水阀关闭；水机辅助压水阀关闭（压水完成）；推力轴承高压油油压正常；拖动机准备好。

e）步序 5：机组抽水转向；机端电压大于 90% 额定电压；转速大于 90% 额定转速（与拖动机组同步升转速）；GCB 合闸选择开关在 LC/BS 禁止位置。

f）步序 6：GCB 合闸；调速器调相运行模式；励磁无功控制模式；被拖动刀打开；SFC 输出隔离开关在分位；水机停机阀复位。

（5）抽水调相–抽水。具体步序如下：

1）步序 1：蜗壳–尾水旁通阀关闭；发电机无功功率小于最小无功功率，或励磁空载；调速器开限最小位置；导叶关闭；调速器调相运行模式消失。

2）步序 2：主进水阀全开；主进水阀旁通阀 1、2 关闭。

3）步序 3：水机主压水阀关闭；水机辅助压水阀关闭；水机压水保持关闭。

4）步序 4：转轮室造压成功。

5）步序 5：调速器水泵初始开度；水机停机阀复位。

6）步序 6：励磁功率因数控制模式。

7. 抽水–停机

抽水–停机流程实际为抽水态–静止态–停机态。

（1）步序 1：导叶关闭。

（2）步序 2：GCB 分闸；励磁退出。

（3）步序 3：PRD 打开；调速器开限最小位置；水机停机阀停机位置。

（4）步序 4：参照"（二）–1–（2）"静止态信号。

（5）步序 1：参照"（二）–4–（5）"停机态信号。

上述"（二）常见的工况转换流程"中同一步序中的内容表示该步序中需要收到的信号，在步序限定时间内，完成相应设备动作，送相关信号至上位机即可。

（三）发电调相与抽水调相的异同

1. 相同点

二者都是从电网吸收少量有功功率维持机组转动，发出无功功率调节电网电压。调相时，机组导叶关闭，调速器处于调相模式。为了尽量少地吸收电网有功功率，通过调相压水，转轮在空气中旋转。这也使得上、下迷宫环温度高，需要冷却水冷却。若仅作为调相，调节电网电压与无功电压二者相同，目前，抽蓄机组的调相能力正在逐步被发掘，作为调相机组运行的频率正在逐步提高。

在调相时，上、下迷宫环冷却水在机组高速转动带动下，在导叶四周形成水环，水环形成有利于转轮室中空气不外溢，减少了补气次数，但水环太厚会和转轮碰撞，增加机组从电网吸收的有功功率，为此设置排水阀或导叶保持微小开度便于水环的水排至蜗壳。蜗壳–尾水旁通阀作用是将漏至转轮室内的高压气排出。发电调相、抽水调相都不宜长时间运行。

2. 不同点

（1）二者机组转向不同，机组换相刀闸合闸方向不同。配置的保护不同。

（2）只有在电网十分紧急的时候运行在发电调相，电网需要时，更快地带满负荷。抽水调相是机组抽水启动过程中必经的过程，机组发电启动不需要经过发电调相工况。

（3）发电调相是机组走发电流程并网后，关导叶进行转轮室压水、蜗壳泄压等。抽水调相是机组经 SFC 或背靠背拖动，关闭导叶压水，减少阻力与损耗，转轮在空气中旋转，一经并网，机组即处于抽水调相工况，排气造压后机组转为抽水工况。

（4）抽水调相是机组在低转速进行压水，转速为零时，压的是静水，仅有高压气作用在尾水上，相对平稳，低转速压水与此接近。发电调相是机组在 100% 额定转速下进行压水，同时由于是发电方向，水还具有向下的惯性，水锤作用明显。

抽水蓄能机组工况多，工况转换复杂，但相比煤电机组等，具有流程转换快的特点。机组工况转换过程中涉及的设备系统多，过程复杂，作为运行人员，详细了解机组工况转换流程，不仅利于监视机组运行状况，也有利于分析设备数据趋势，对缺陷早发现早处理，提高机组开机成功率以及电网服务能力。作为维护人员，掌握机组流程转换过程，便于现场重点设备的监视及维护，同时出现机组运行异常时，也能快速定位缺陷范围。除了常见的几种工况转换，特殊工况转换（如黑启动过程等）是为了应对突发事件，也需要仔细研究。

三、监控系统跳闸矩阵

（一）监控系统跳闸矩阵的重要性

伴随着抽水蓄能行业的迅猛发展，抽水蓄能已成为我国电能结构的重要组成部分。保证抽水蓄能电站机组的安全稳定运行，不仅关系到机组自身的设备安全，更关系到电网的稳定运行。为防止抽水蓄能电站发电机组发生重大事故，抽水蓄能电站计算机监控系统为每一台机组配置有 PLC 紧急停机流程和水机后备保护回路，以保证发电机组在发生事故时能可靠停运至安全状态。

抽水蓄能电站发生事故往往是突发的，运行人员如何在极短的时间内判定发生事故的原因并妥善处理事故，尽快解除对任何设备的威胁，限制事故的扩大，是至关重要的一环。运行人员利用跳闸矩阵来组织抽水蓄能电站机组紧急停机条件，能帮助运行人员从繁杂的信息中明确重要信息，简化分析过程。运行人员仅需查看跳闸矩阵信号动作情况，就能明晰机组紧急事故停机的原因，再通过查看监控画面和事件记录，进一步确认事故原因。

（二）监控系统跳闸矩阵的定义

一般而言，矩阵（matrix）是一个按照长方阵列排列的复数或实数集合，在括号内排列成 m 行 n 列（横的称行，纵的称列）的一个数表，并称它为 $m \times n$ 矩阵。

矩阵是高等数学中的常见工具，也常见于统计分析等应用数学学科中，在电力继电保护系统中应用的跳闸矩阵也是对矩阵的一种推广应用。本书所说的监控系统跳闸矩阵概念是在继电保护跳闸矩阵的概念基础上进行了个性化的定义，即将机组紧急停机触发条件定义为行，紧急停机流程定义为列，行列之间逻辑关系采用跳闸矩阵控制字来表示。

以某电站机组紧急停机流程为例进行说明，机组紧急停停机流程分为：机械快速停机流程（MQSD）、电气快速停机流程（EQSD）、紧急机械快速停机流程（EMQSD）和紧急停机流程（ESD）四个紧急停机流程。按照跳闸矩阵的概念定义，以机组紧急停机触发条件为行，紧急停机流程为列，所形成的跳闸矩阵见表1-3-1。

表1-3-1   跳 闸 矩 阵 型 式

紧急停机流程	MQSD	EQSD	EMQSD	ESD	备用流程1	…	备用流程4
紧急停机触发条件1	a_{11}	a_{12}	a_{13}	a_{14}	a_{15}		a_{18}
紧急停机触发条件2	a_{21}	a_{22}	a_{23}	a_{24}	a_{25}		a_{28}
…	…	…	…	…	…	…	…
紧急停机触发条件64	$a_{64 \times 1}$	$a_{64 \times 2}$	$a_{64 \times 3}$	$a_{64 \times 4}$	$a_{64 \times 5}$	…	$a_{64 \times 8}$

表1-3-1定义了一个64×8矩阵，在纵向有64个紧急停机触发条件输入，横向有8个紧急停机流程的启动信号输出。行列交叉处的元素 a_{ij} 是跳闸矩阵控制字变量，用"1"或"0"表示，即"1"表示当前紧急停机触发条件启动对应的紧急事故停机流程，"0"表示当前紧急停机触发条件不启动对应的紧急事故停机流程。将跳闸矩阵每一个紧急停机触发条件所对应的横向8个元素 $a_{ij}(i=1, 2, 3, \cdots, 64; \ j=1, 2, 3, \cdots, 8)$ 按从左至右的顺序可将二进制位转换生成1个字，共可生成64个字，统称为跳闸矩阵控制字。由此可知，跳闸矩阵控制字与矩阵元素 a_{ij} 之间有一一对应的关系，通过修改跳闸矩阵控制字值能间接修改矩阵元素 a_{ij} 的值，进而改变紧急停机条件与紧急停机流程之间的逻辑关系。

（三）监控系统跳闸矩阵的实现

1. 监控系统跳闸矩阵功能实现

将发电机组的紧急停机流程触发条件跳闸矩阵（trip matrix）全部功能都放到LCU执行，可以有效提高启动紧急停机流程的实时性。只要紧急停机触发条件动作后，跳闸矩阵逻辑运算单元可在PLC的1个扫描周期内识别并处理完成，启动对应的紧急事故停机流程，从而保证发电机组在极短时间内可靠停运至安全状态。在PLC中运行的跳闸矩阵程序流程图如图1-3-1所示。在图1-3-1中，紧急事故停机的触发条件可来自现场传感器经PLC输入模块输入，也可以是PLC内部的逻辑运算产生的紧急停机触发条件。无论紧急停机触发条件是何种来源，紧急停机触发条件都要先经过数据预处理函数处理后，再送入下一级的跳闸矩阵逻辑运算单元进行计算，得出启动紧急停机流程的逻辑值。为保证跳闸矩阵对紧急停机流程有绝对的控制权，在紧急停机流程的控制程序中，仅保留跳闸矩阵作为紧急停机流程启动控制的唯一条件。

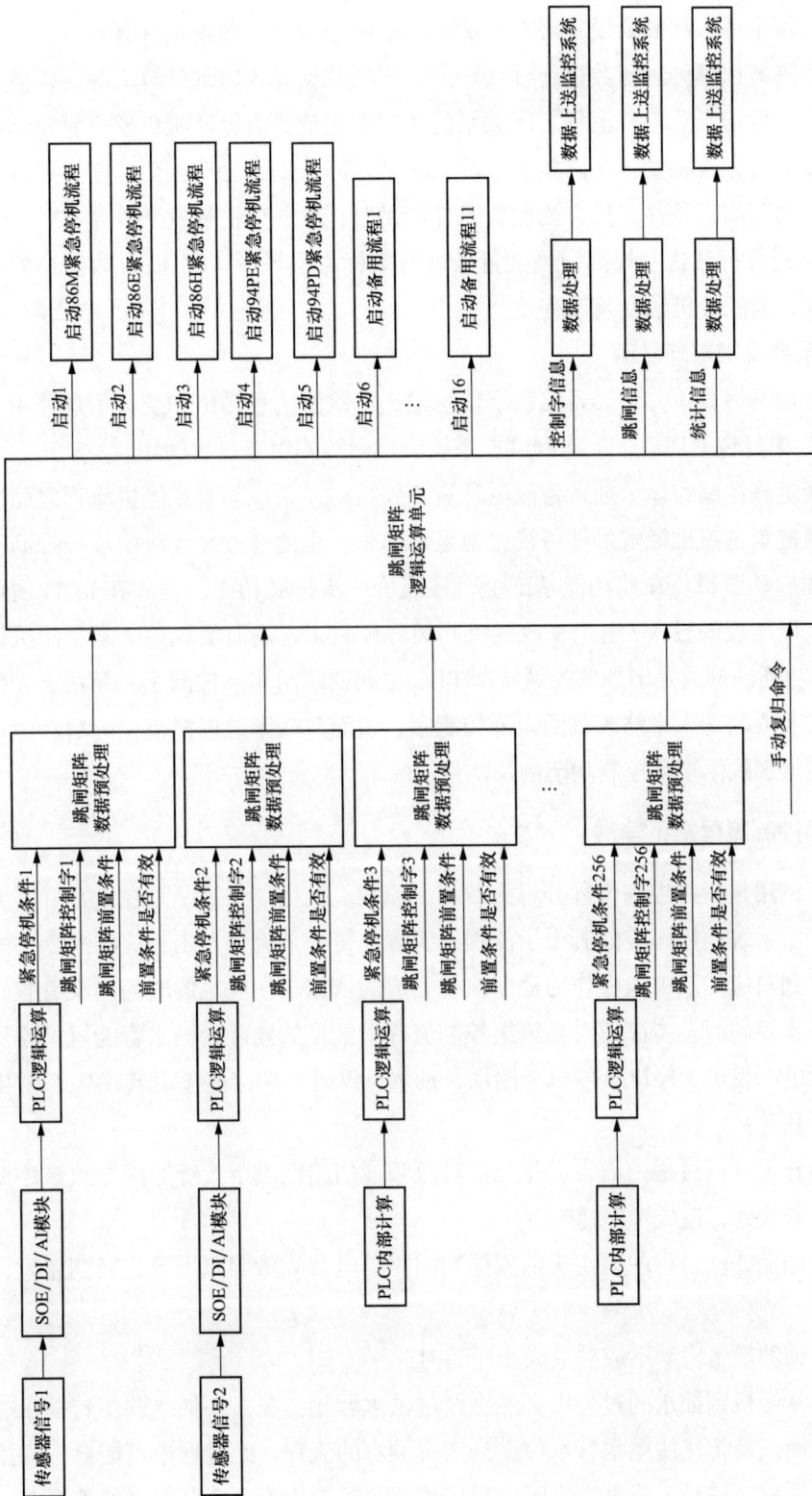

图 1-3-1 跳闸矩阵程序流程图

跳闸矩阵逻辑运算单元设置了 64 个紧急停机触发条件输入和 8 个紧急停机流程的启动信号输出。对每个输入都需要设定好对应的跳闸矩阵控制字、前置条件和前置条件有效标志位，经跳闸矩阵数据预处理函数进行预处理后，再把数据导入内部计算。跳闸矩阵控制字是紧急停机触发条件与紧急停机流程之间关系的逻辑整定值，为保证机组安全稳定运行，现在仅允许用直接赋值方式将跳闸矩阵控制字写入跳闸矩阵数据预处理函数。前置条件是紧急停机触发条件的内部闭锁条件，只有当前置条件满足时，紧急停机触发条件才有效。而前置条件有效标志位则可打破这一规则，当前置条件有效标志位等于"0"时，数据预处理函数将解除内部闭锁，紧急停机触发条件有效。

2. 监控系统跳闸矩阵显示

跳闸矩阵逻辑运算单元还具备控制字信息输出、跳闸信息输出和统计信息输出功能。这些数据在 PLC 中打包处理后，上送到监控系统供跳闸矩阵组态显示使用。

使用跳闸矩阵控制和显示抽水蓄能电站紧急停机触发条件和紧急停机流程之间的逻辑关系，不仅可以把紧急停机触发条件可视化地显示出来，也能通过修改跳闸矩阵控制字来改变紧急停机流程启动逻辑。在此功能基础上，还能进一步扩展功能，比如在 LCU 现地控制柜上配置压板，以压板的投入/退出来改变跳闸矩阵控制字，进而实现单个紧急停机触发条件的投入/退出功能。抑或是增加监控系统与 PLC 之间的跳闸矩阵控制字交互功能，维护人员采用设值方式（或勾选）来修改跳闸矩阵控制字，进而改变紧急停机流程的启动逻辑。以上两种方式均能增加跳闸矩阵控制功能的灵活性。

四、机组控制流程常见异常

子流程的调用是指将控制流程分解为若干子流程，机组顺序控制是在设定好需要转换的稳态工况后，由系统调用相应的若干子流程来实现。每个子流程发出相应的命令，并以规定时间内是否收到对应的反馈条件作为命令执行完成的依据。在规定的时间内没有收到相应的反馈条件即是步序超时。步序超时是机组控制流程最常见的异常，抽水蓄能机组常用工况转换有停机-发电、发电-停机、停机-抽水、抽水-停机。在这些工况转换中，常出现的超时步序有以下几种：

（1）机组开关球阀过程中因自动化元器件故障或回路电磁干扰等原因导致步序命令未执行或反馈条件未收到，造成步序超时。

（2）机组同期并网过程中因水头低或同期回路继电器故障等原因导致同期超时，造成步序超时。

（3）机组辅助设备启动不成功造成步序超时。

（4）机组从停机到抽水的过程中必然会经过抽水调相工况，在抽水调相转抽水过程中会经过开主进水阀以及排气使尾水管水位上升实现抽水的流程，此过程中可能会出现排气阀故障无法收到造压成功信号，或主进水阀位置传感器故障未检测到全开位置的情况等，造成步序超时。

不同原因引发的步序超时需在对应设备处分析设备未动作或动作异常的原因，此内容在其他章节或其他分册中皆有详细说明，此处不再赘述。

思 考 题

1. 计算机监控系统的原理是什么？
2. 计算机监控系统的作用是什么？
3. 传感器根据其基本感知功能可分为哪几类？
4. 电站监控系统的组成有哪些？
5. 监控系统每月需要进行的工作有哪些？
6. 现地控制单元有哪些设备需要维护？
7. LCU死机该如何处理？
8. 简述机组停机－发电工况转换主要步骤。
9. 简述抽水调相与发电调相的异同。
10. 出现机组跳机故障时，如何利用监控系统跳闸矩阵快速查找事故原因。

第二章 继电保护及电网安全自动装置

本章概述

本章首先从基本概念入手，描述了继电保护系统的基本概念和作用，进而从发电机保护、变压器保护、线路保护三个方面详述了保护配置及原理，此外还对频率协控系统进行了详细的阐述。通过本章的学习，读者可以对继电保护及电网安全自动装置有较为全面的认识。

学习目标

	学习目标
知识目标	1. 掌握继电保护常用术语定义。 2. 掌握继电保护作用及要求。 3. 了解继电保护组成。 4. 掌握主设备保护功能配置。 5. 掌握频率协控系统原理及作用。
技能目标	1. 能画出发电机－变压器组保护典型配置图。 2. 能进行继电保护配置。 3. 能进行继电保护装置巡检。 4. 能进行继电保护操作。 5. 能进行继电保护检修。 6. 能进行频率协控系统基本运行维护。 7. 能进行频率协控系统检修。

第一节 继电保护概述

一、继电保护术语定义

（一）主保护（main protection）

满足系统稳定和设备安全要求，能以最快速度有选择地切除被保护设备和线路故障的保护。

（二）后备保护（backup protection）

主保护或断路器拒动时，用以切除故障的保护。后备保护可分为远后备和近后备两种方式。

（三）近后备保护（local backup protection）

当主保护拒动时，由该电力设备或线路的另一套保护实现后备的保护；当断路器拒动时，由断路器失灵保护来实现的后备保护。

（四）远后备保护（remote backup protection）

当主保护或断路器拒动时，由相邻电力设备或线路的保护实现后备的保护。

（五）辅助保护（auxiliary protection）

为补充主保护和后备保护的性能或当主保护和后备保护退出运行而增设的简单保护。

（六）异常运行保护（abnormal operation protection）

反映被保护电力设备或线路异常运行状态的保护。

（七）可靠性（reliability）

保护装置应在各种条件下可靠的工作，确保电力系统的稳定运行。这意味着保护装置在应该动作时必须动作，不应动作时保持不动作，以避免误动作或拒动作。

（八）选择性（selectivity）

保护装置应能准确定位故障，根据故障位置选择性地投入操作，以最大程度地减少对正常部分的干扰。这意味着保护装置在检测到故障时，应对仅受故障影响的设备或线路进行切除，避免不必要的停电

（九）灵敏性（sensitivity）

保护装置在设备或线路的被保护范围内发生故障时，应具有的正确动作能力的裕度，灵敏性通常以灵敏系数来描述，并根据不利正常运行方式和不利故障类型计算。

（十）快速性（rapidity）

保护装置应能尽快地切除短路故障，以提高系统稳定性，减轻故障设备和线路的损坏程度，缩小故障波及范围，提高自动重合闸和备用电源或备用设备自动投入的效果等。

（十一）电力系统安全自动装置（power system safety automatics）

防止电力系统失去稳定和避免电力系统发生大面积停电的自动保护装置，也称频率协控装置。

（十二）发电/电动机纵联差动保护（G/M longitudinal differential protection）

作为发电/电动机定子绕组内部及引出线相间短路故障的主保护。其中，不完全纵差保护的保护范围从发电/电动机中性点到机组 PRD 内（隔离开关与主变压器低压侧之间）；完全纵差保护的保护范围从发电/电动机中性点到机组 PRD 内（隔离开关与主变压器低压侧之间）。不完全纵差保护还能反映定子线棒开焊及某些匝间短路。两种保护接线的区别是对于完全纵差保护，在发电机中性点侧，输入到差动元件的电流为每相的全电流，而不完全纵差

保护，由中性点输入到差动元件的电流为每相定子绕组某一分支的电流。

（十三）100% 定子接地保护（注入式）[100% stator grounding protection（injected）]

定子绕组及其引出线发生接地故障的主保护，通过向发电 / 电动机定子回路与地之间加入 20Hz 的外加电源检测定子绕组与大地阻抗值的变化来判别接地故障，实现机组在任何状态下的定子绕组 100% 全区域接地保护。

在两机组 BTB 拖动过程中，针对保护范围的扩大，为了提高保护的可靠性及保证保护的灵敏度，防止外加 20Hz 电源回路形成环流，故在机组 BTB 启动顺控中打开拖动机组的中性点隔离开关。

（十四）100% 定子接地保护（基波零序 + 三次谐波）[100% stator grounding protection（fundamental zero order + third harmonics）]

作为定子绕组及引出线发生接地故障的主保护，此保护从 GCB 内的 TV 开口三角处取得零序电压。若接地点靠近机组中性点侧，TV 开口三角形反应出的零序电压将很低，无法躲过正常运行时的不平衡电压，故为防止保护误动，整定此保护范围为机端引出线至中性点 95% 区域绕组，剩余 5% 区域由三次谐波判据保护。

（十五）横差保护（lateral difference protection）

作为发电 / 电动机定子绕组匝间短路（某相中某一分支或某相两分支之间在不同匝数处）的主保护，输入信号取自机组中性点引出线电流互感器（TA）所测量的定子绕组各分支间绕过的不平衡电流。

（十六）复压过电流保护（相间后备）[composite voltage overcurrent protection（interphase backup）]

作为发电 / 电动机及相邻设备短路的后备保护，主要用于防止发电机内部故障及引出线故障引起的电压下降和过电流现象。

（十七）负序过电流保护（negative sequence overcurrent protection）

作为机组发电 / 电动机运行时因外部不对称故障或不平衡负荷引起的负序过电流所产生的转子过热现象保护，以及作为发电 / 电动机及机端设备不对称短路的后备保护。

（十八）过负荷保护（overload protection）

主要用于防止定子绕组超过允许的温升限额的保护。

（十九）过电压保护（overvoltage protection）

作用于机组同期过程中或水轮机组甩负荷时，为防止由于励磁调节器故障或其他特殊情况而引起过电压故障的保护，输入信号采用 GCB 内的 TV 三相电压量，根据不同的设定值分别延时动作出口。

（二十）过激磁保护（overexcitation protection）

用于防止发电 / 电动机过激磁故障而产生定子铁芯饱和而过热的保护，通过监测机组 V/F 值来判定定子铁芯饱和情况。过激磁保护由定时限过激磁保护和反时限过激磁保护构成。

（二十一）低频、过频保护（over-frequency、low frequency protection）

主要用于发电/电动机运行时，电动机电源突然丢失或由于电网侧故障低频率或高频率运行时能有效切断电厂负荷而设置的保护。

（二十二）逆功率保护（reverse power protection）

作为防止机组发电方向工况时出现深度反水泵运行状态并向系统吸收有功功率而设置的一组方向性功率保护。逆功率保护在发电工况时投入，电动工况和同步启动过程保护闭锁。

（二十三）低功率保护（low power protection）

为了防止机组在抽水运行时，电动机失电导致机组反转后飞逸故障以及防止机组抽水过程中导叶误关闭，机组进入反水机现象，故设此低功率保护，当电动机从系统吸收有功值低于整定值时，保护延时动作跳机。

（二十四）相序保护（phase sequence protection）

由于抽水蓄能机组有两种转向，为了监视转向是否正确，配置了相序保护。该保护采用负序电压继电器。

（二十五）低频过电流保护（low-frequency overcurrent protection）

电厂专门设置的能正确反映低频过电流的保护，作为电动机启动时低频段的主保护。发电/电动机在抽水调相工况启动过程中，启动电流由低到高，其频率变化范围为 0～50Hz，若在低频阶段发生相间短路故障，由于保护电流输入回路 TA 及各变送器特性原因，差动保护将不能可靠动作，故电厂需设置此保护。

（二十六）轴电流保护（shaft current protection）

用于监视绝缘垫的绝缘情况的保护。由于定子铁芯组合缝、定子硅钢片接缝，定子与转子空气间隙不均匀，轴中心与磁场中心不一致等，机组的主轴不可避免地要在一个不完全对称的磁场中旋转。这样，在轴两端就会产生一个交流电压，由于大轴和轴承、大地所构成的回路阻抗极小，就可能形成很大的轴电流。电厂利用在上导轴承处装设绝缘垫的方式防止感应电动势构成回路通流而烧坏轴瓦，故设轴电流保护监视绝缘垫的绝缘情况，若绝缘垫损坏，将导致保护输入动作电流增加，超过设定值后动作出口。

（二十七）转子接地保护（rotor grounding protection）

该保护一般有两套，第一套为乒乓式，第二套为注入式和乒乓式。其都是通过检测电压变化来判断转子回路与大地之间的绝缘阻抗，以此监视转子回路的绝缘水平，若判断转子回路一点接地并到达延时，即通过保护柜内非电量动作出口机械跳闸。

（二十八）失磁保护（loss of magnetism protection）

为了防止机组运转中励磁电流过低或励磁电流突然消失，导致机组过量地吸收无功功率甚至不稳定运行，设置了发电方向和抽水方向两套独立失磁保护。失磁保护一般分两段动作，长延时动作判据为机端测量阻抗进入异步边界阻抗圆，短延时动作判据为机端测量阻抗进入异步边界阻抗圆与励磁电流过小。

（二十九）失步保护（out-of-step protection）

通过监测电机或发电机的机端测量阻抗的变化轨迹来检测和保护电动机或发电机免受失步引起的故障损坏。

（三十）机组开关失灵保护（switch failure protection）

机组发生故障，机组继电保护动作出口，但当机组开关拒动时，将对机组及电网产生很大的危害，为防止事故扩大在保护柜中设置的保护。

（三十一）主变压器差动保护（main transformer differential protection）

一般设置两套独立的比率制动式差动保护，作为主变压器内部及引出线短路故障的主保护，其中主变压器差动保护保护范围主要包括主变压器本体、电缆线、主变压器到机组GCB 等部分。

（三十二）主变压器复压过电流保护（overcurrent protection of the main transformer composite voltage）

为了反映变压器外部故障引起的变压器绕组过电流，以及故障情况下作为主变压器差动保护和气体保护的后备保护，主变压器高、低压侧均设有主变压器复压过电流保护。

（三十三）零序过电流保护（zero-sequence overcurrent protection）

作为主变压器高压侧引出线、母线及线路单相接地故障的后备保护。当主变压器为高压侧直接接地，在高压侧绕组、高压侧出线以及母线、线路发生单相接地时，在变压器中性点接地线上有零序电流流过。信号取自变压器中性点接地线上 TA，装设零序过电流保护在上述故障时动作。

（三十四）主变压器高、低压侧接地保护（grounding protection on the high and low voltage sides of the main transformer）

作为主变压器高、低压侧电气一次回路接地故障主保护，保护原理同机组 95% 接地保护，电压量取自主变压器高、低压侧 TV 二次开口三角形，保护范围为主变压器高压侧至主变压器的断路器，断路器运行时延伸至线路；主变压器低压侧至机组断路器、励磁变压器及厂高压侧变压器进线开关（厂高压侧变压器运行时延伸至厂高压侧变压器），在机组并网运行时，保护范围将扩大至单元机组，作为机组接地故障后备保护。

（三十五）主变压器本体气体保护（main transformer gas protection）

用于反映主变压器本体内部轻微或严重故障的保护。气体继电器安装于主变压器本体顶部，具有两对触点元件，其中一对为轻瓦斯报警，另一对为重瓦斯跳闸。同时在主变压器本体严重漏油时，该气体保护将首先发生报警，然后出口跳闸。

（三十六）主变压器本体油箱/电缆油箱压力释放装置（the main transformer body oil tank/cable oil tank pressure relief device）

在发生主变压器内部故障情况下，为了保护本体油箱，分别在主变压器本体和电缆盒油箱设置的压力释放装置，其作用相当于防爆泄压阀，动作后出口跳闸。

二、继电保护组成

（一）继电保护装置的基本原理

电力系统发生短路故障时，许多参数与正常时相比均有了变化，但有的变化可能明显，有的不够明显，显然变化明显的参数适合用来作为保护判据，来构成保护。比如根据短路电流较正常电流升高的特点，可构成过电流保护；利用短路时母线电压降低的特点可构成低电压保护；利用短路时线路始端测量阻抗降低可构成距离保护；利用电压与电流之间的相位差的改变可构成方向保护；根据线路内部短路时，两侧电流相位差变化可以构成差动原理的保护。除此之外，还可以根据非电气量的变化来构成某些保护，如反应变压器油在故障时分解产生的气体而构成的气体保护。

（二）继电保护装置的组成

继电保护装置一般由测量元件、逻辑元件和执行元件三部分组成。

测量元件的作用是测量从被保护对象输入的有关物理量（如电流、电压、阻抗、功率方向等）。

逻辑元件的作用是根据测量部分输出量的大小、性质、输出的逻辑状态、出现的顺序或其组合，与已给定的整定值进行比较，根据比较结果给出"是""非""大于""不大于"等具有"0"或"1"性质的一组逻辑信号，从而判断保护是否应该启动，使保护装置按一定逻辑关系工作，最后确定是否应跳闸或发信号，并将有关命令传给执行元件。

执行元件的作用是根据逻辑元件传送的信号，最后完成保护装置所担负的任务。如故障时跳闸；不正常运行时发信号；正常运行时不动作。

（三）继电保护装置的分类

继电保护装置按其被保护对象、保护原理、反应故障的类型、保护所起的作用有不同的分类方法。

（1）按被保护的对象分类，可分为输电线路保护、发电机保护、变压器保护、电动机保护、母线保护等。

（2）按保护原理分类，可分为电流保护、电压保护、距离保护、差动保护、方向保护、零序保护等。

（3）按保护所反应故障类型分类，可分为相间短路保护、接地故障保护、匝间短路保护、断线保护、失步保护、失磁保护及过励磁保护等。

（4）按继电保护装置的实现技术分类，可分为机电型保护（如电磁型保护和感应型保护）、整流型保护、晶体管型保护、集成电路型保护及微机型保护等。

（5）按保护所起的作用分类，可分为主保护、后备保护、辅助保护等。

（四）继电保护的基本要求

对动作于跳闸的继电保护，在技术上一般应满足四个基本要求：选择性、速动性、灵敏性、可靠性，即保护四性。

1. 选择性

选择性是指电力系统发生故障时，保护装置仅将故障元件切除，而使非故障元件仍能正常运行，以尽量缩小停电范围的一种性能。下面以图 2-1-1 为例来说明选择性的概念。

在图 2-1-1 的网络中，当 d1 短路时，应该由距故障点最近的保护 1、2 动作，跳开 1QF、2QF，这样既切除了故障线路，又使停电范围最小，因此可以说此时保护 1、2 动作是有选择性的动作，即满足了选择性的要求。

同理，当 d2 短路时，保护 5、6 动作跳开 5QF、6QF；当 d3 短路时，保护 7、8 动作跳开 7QF、8QF，都是有选择性的动作。若当 d3 短路时，7QF 拒动，保护 5 动作跳开 5QF 将故障切除，那么此时停电范围扩大了。但是如果保护 5 不动作跳闸，那么故障线路就无法切除，因此，此时保护 5 的动作也是有选择性的动作，只不过是保护 5 是保护 7 的远后备保护。

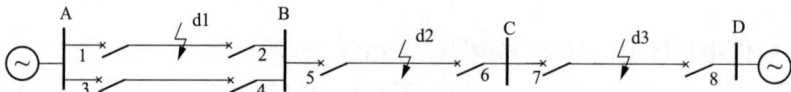

图 2-1-1　保护动作选择性的说明

若保护 7 和 7QF 正确动作于跳闸同时，保护 5 也动作跳开 5QF，则保护 5 的动作就是非选择性动作，习惯称为越级跳闸。

2. 速动性

速动性就是指保护快速切除故障的性能。故障切除时间包括继电保护动作时间和断路器跳闸时间。一般的继电保护动作时间为 0.06~0.12s，最快的可达 0.01~0.04s；一般的断路器跳闸时间为 0.06~0.15s，最快的可达 0.02~0.06s。

当系统发生故障时，快速切除故障可以提高系统并列运行的稳定性；减少用户在低电压下的工作时间；减少故障元件的损坏程度，避免故障进一步扩大。

3. 灵敏性

灵敏性是指在规定的保护范围内，保护对故障情况的反应能力。满足灵敏性要求的保护装置应在区内故障时，不论短路点的位置与短路的类型如何，都能灵敏地正确地反映出来。

通常，灵敏性用灵敏系数来衡量，并表示为 K_{sen}，也称为灵敏度。任何继电保护装置对规定的保护区内短路故障，都必须具有一定的灵敏度，以保证在考虑了短路电流计算、保护动作值整定实验等误差后，在最不利于保护动作的条件下仍能可靠动作。

计算保护的灵敏系数时的主要原则为：在可能的运行方式下，选择最不利于保护动作的运行方式；在所保护的短路类型中，选择最不利于保护动作的短路类型；在保护区内选择最不利于保护动作的那点作为灵敏度校验点（计算 K_{sen} 所选的短路点）。详细要求见

GB/T 14285《继电保护和安全自动装置技术规程》，灵敏度校验时可按照规程规定的灵敏系数来校验。

4. 可靠性

可靠性是指发生了属于其该动作的故障，能可靠动作，即不发生拒绝动作（拒动）；而在不该动作时，能可靠不动，即不发生错误动作（简称误动）。

影响保护动作的可靠性有内在的和外在的因素。其中，内在的因素主要是装置本身质量，如保护原理是否成熟、所用元件好坏、结构设计是否合理、制造工艺水平、内外接线情况，触点多少等；外在的因素主要体现在运行维护水平、调试和安装是否正确上。

以上讲述了对继电保护四项基本要求的含义。但是从保护设计与运行的角度上看，很难同时很好地满足这四项基本要求。因此在实际中，对一套继电保护的设计和评价往往需要结合具体情况，协调处理各性能之间的关系，取得合理统一，达到保证电力系统安全运行的目的。

第二节 继电保护运检

一、继电保护配置

（一）发电机保护配置

电压在 3kV 及以上、容量在 600MW 及以下的发电机，出现定子绕组短路或接地、定子绕组过电压、过负荷；转子绕组短路或接地、发电机功率异常、频率异常、失磁失步等异常情况时，都应有相关保护动作以保护设备。

根据故障和异常运行状态的性质及动力系统具体条件，动作情况分为以下几类：

（1）停机：断开发电机断路器、灭磁，对水轮发电机还要关闭导叶。

（2）解列灭磁：断开发电机断路器、灭磁，水轮机关导叶至空载。

（3）解列：断开发电机断路器，水轮机关导叶至空载。

（4）减出力：将原动机出力减到给定值。

（5）缩小故障影响范围：断开预定的其他断路器。

（6）程序跳闸：对水轮发电机，首先将导水机构关到空载位置，再跳开发电机断路器并灭磁。

（7）减励磁：将发电机励磁电流减至给定值。

（8）励磁切换：将励磁电源由工作励磁电源系统切换到备用励磁电源系统。

（9）厂用电源切换：由厂用工作电源供电切换到备用电源供电。

（10）信号：发出声光信号。

针对所列故障及异常运行方式，宜配置的保护主要有：纵差保护（含完全纵差保护、不完全纵差保护）；横差保护（含裂相横差保护、单元件横差保护）；复合电压过电流保护；定子接地保护；转子接地保护；过励磁保护；过电压保护；低电压保护；过频保护；低频保护；失磁保护；失步保护；转子表层（负序）过负荷保护；定子过负荷保护；发电电动机逆功率保护；电动机低功率保护；低频过电流保护；电压相序保护；轴电流保护或轴承绝缘保护；断路器失灵保护等

（二）变压器保护配置

当升压、降压、联络变压器运行时出现接地短路、匝间短路、过电流、过电压、过负荷、过励磁、油位异常、温度异常等情况时，应装设相应的保护。

根据故障和异常运行状态的性质及动力系统具体条件，动作情况分为以下几类：

（1）解列：断开变压器各侧断路器。

（2）降负荷：将变压器功率减到给定值。

（3）缩小故障影响范围：断开预定的其他断路器。

（4）信号：发出声光信号。

针对所列故障及异常运行方式，宜配置的保护主要有：纵差保护；复合电压过电流保护；过励磁保护；过负荷保护；零序电流保护；间隙零序电流电压保护；低压侧零序电压保护；励磁变压器过电流保护；励磁绕组过负荷保护；气体保护；温度保护等。

（三）线路保护配置

线路出现线路单相接地短路、线路相间短路、线路相间接地短路等故障及异常运行状态时，应装设相应的保护。

根据故障和异常运行状态的性质及动力系统具体条件，动作情况分为以下几类：

（1）解列：断开线路各侧断路器。

（2）降负荷：将线路功率减到给定值。

（3）缩小故障影响范围：断开预定的其他断路器。

（4）信号：发出声光信号。

针对所列故障及异常运行方式，宜配置的保护主要有：差动保护（高频差动、光纤差动等）；距离保护；零序反时限保护；远方跳闸；重合闸；断路器失灵保护等。

二、继电保护装置巡检

（一）日常巡检内容

日常巡检主要内容是检查设备运行状态，是否存外部明显缺陷和其他异常情况，巡视记录设备主要运行参数数据是否正常，每天进行1～2次。保护装置日常巡检内容见表2-2-1中的保护装置巡检项目。

表 2-2-1 保护装置巡检项目

序号	项目	类别	周期	质量标准	项目来源 / 依据
1	装置现场运行环境检查	巡检	1 天	1）环境温度：5～30℃，湿度：<75%； 2）继电保护室通风、照明及消防设备应完好，无易燃、易爆物品； 3）根据环境情况投入空调机、除湿机，防潮加热器，并对其工作情况进行检查	
2	装置面板及外观检查	巡检	1 天	1）保护装置、电压切换箱、操作箱、继电器外壳应清洁，外壳无松动、破损、裂纹现象； 2）保护装置、继电器工作状态应正常，液晶面板显示正确，无异常响声、冒烟、烧焦气味，面板无模糊，无异常报告现象； 3）各类监视指示灯、表计指示正常； 4）各二次回路断路器位置符合当前运行方式要求	
3	功能投、退状态检查	巡检	1 天	各功能开关、方式开关（把手）、断路器、压板投退情况符合现场运检规程规定	
4	信号及告警检查	巡检	1 天	检查装置当前是否有告警灯亮、装置运行灯不亮、电源灯熄灭、人机界面死机、时间走失等异常现象	
5	保护通信状态	巡检	1 周	检查与保护管理机及监控系统通信状态	
6	核对保护装置时钟	巡检	1 周	GPS 对时正常	

（二）特殊巡检内容

为确保保护设备运行的安全可靠，当发生以下情况时应执行设备特殊巡检：

（1）设备新投运或检修后恢复运行。

（2）设备经过改造或长期停用后重新投入系统运行。

（3）设备运行参数异常变化或超过规定值。

（4）一次设备故障跳闸或运行中发现异常现象。

（5）法定节假日及上级通知有重要任务期间，应增加巡回检查次数。

三、继电保护操作

（一）运行状态

发电电动机保护有如下三种运行状态：

（1）跳闸：保护装置的交、直流回路正常运行，功能压板、出口压板在投入位置。

（2）信号：保护装置的交、直流回路正常运行，功能压板在投入位置，出口压板在退出位置。

（3）停用：保护装置的交、直流回路断开，功能压板、出口压板在退出位置。

（二）保护由"信号"改为"跳闸"操作步骤

具体步骤如下：

（1）检查保护装置工作正常。

（2）检查保护装置各出口压板两侧端口均无正电输出。

（3）投入保护各压板。

（三）保护由"跳闸"改为"信号"操作步骤

退出保护各压板。

（四）发电电动机保护值守人员监盘操作要求

（1）值守人员应熟悉发电电动机保护基本原理、装置性能及其二次回路，掌握发电电动机保护装置显示（打印）信息的含义，掌握并执行现场运检规程和规定。

（2）值守人员应做好保护装置的监视工作。处于运行状态（包括热备用）的电气一次设备必须有可靠的保护装置，不允许无保护运行。

（3）保护装置出现异常、动作时，及时通知运维负责人和运维班组检查处理。

（4）保护装置动作后，值守人员应按要求做好记录，记录主要内容包括：① 跳闸开关名称、编号、跳闸相别；② 保护的出口动作信号和起动信号；③ 启动的故障录波器的名称和编号；④ 保护装置打印报告及故障录波器录波报告，并按报告记录保护动作情况；⑤ 电网中电压、电流、频率等变化情况等。

（五）保护装置投入及退出操作

1. 保护装置投入运行

（1）合上保护装置直流电源开关。

（2）合上保护 TV 二次侧交流电源开关。

（3）检查保护管理机柜装置电源开关在合上位置。

（4）合上保护管理机柜装置电源开关。

（5）停用保护管理机柜"装置退出"压板。

（6）检查保护管理机柜装置、保护装置工作正常。

（7）检查保护装置"运行"指示灯亮（绿灯），其他指示灯灭，装置无报警，液晶面板显示正常。

（8）用上保护功能压板；此时也应检查装置无异常报警，液晶面板显示正常。

（9）因部分保护投入功能压板后可能动作出口，应检查装置状态是否正确。

2. 保护装置退出运行

（1）停用保护跳闸出口压板。

（2）停用保护功能压板。

（3）用上保护管理机柜"装置退出"压板。

（4）拉开保护 TV 二次侧交流电源开关。

（5）拉开保护装置直流电源开关。

（六）注意事项

电气一次设备不允许无保护运行，保护装置如需全部退出，应申请将被保护的电气一次设备退出运行。现场运检规程应明确保护装置投入、退出的典型操作步骤，发电电动机保护装置的投入、退出由操作人员根据现场运检规程进行操作。保护装置退出时，包括断开其跳闸压板、合闸压板及起动失灵保护的压板。退出全套保护装置时，应先退出保护装置所有出口压板，再退功能压板，投入时反之；当装置中的某种保护功能退出时，应首先退出其功能压板，若无功能压板则退其出口压板。对于只能在软件内操作的无压板的微机保护，退出操作由操作人员负责并确保保护投退正确，做好记录；继电保护专业运维人员负责协助配合。保护装置投入前，操作人员应用高内阻的电压表检验压板的每一端对地电位都正确后，确认保护装置未给出跳闸或合闸脉冲后，方可投入出口压板，并将此操作项写入操作票。

拉、合保护装置直流电源前，应先退出保护装置所有出口压板。正常运行时，保护屏检修状态投入压板应在退出状态。凡操作过程中涉及继电保护可能误动时，应先申请将可能误动的保护退出，操作完毕后，一次系统恢复正常方式前重新投入。

保护装置动作后，由操作组人员完成现场处置并通知运维人员进行现场检查，打印故障报告，确认故障录波器、保护信息管理机信息记录完好。未打印故障报告、故障信息未完整记录之前，任何人员不得自行复归信号、进行装置试验。操作组人员应确认故障录波器、保护信息管理机信息记录完好，保证打印报告的连续性，严禁乱撕、乱放打印纸，妥善保管打印报告，并及时移交运维人员。无打印操作时，应将打印机防尘盖盖好，并推入盘内。发电电动机停运而发电电动机保护动作的开关仍运行时，应将跳该开关的已停运发电电动机保护全部退出或按照电网调度部门要求执行。

单一发电电动机保护的投入或退出只需投入或退出相应保护的功能压板即可，也可在软件中控制某一保护的投退。在投/退保护操作中，严格执行有关规定，并做好记录。若需在保护盘查找直流接地点，应在设备停运时，方可进行拉合保护盘直流的操作。

四、继电保护典型故障处理

（一）电流互感器二次回路开路

1. 现象

（1）监控系统发出告警信息，相关电流、功率指示降低或为零。

（2）相关继电保护装置发出"TA断线"告警信息。

（3）本体发出较大噪声，开路处有放电现象。

（4）相关电流表、功率表指示为零或偏低，电能表计量停止或计量缓慢。

2. 处置原则

（1）检查当地监控系统告警信息，相关电流、功率指示。

（2）检查相关电流表、功率表、电能表指示有无异常。

（3）检查本体有无异常声响、有无异常振动。

（4）检查二次回路有无放电打火、开路现象，查找开路点。

（5）检查相关继电保护及自动装置有无异常，必要时申请停用有关电流保护及自动装置。

（6）二次回路开路，应申请降低负荷；如不能消除，应立即汇报值班调控人员申请停运处理。

（7）查找电流互感器二次开路点时应注意安全，应穿绝缘靴，戴绝缘手套，至少两人一起。禁止用导线缠绕的方式消除电流互感器二次回路开路。

（二）电压互感器二次电压异常

1. 现象

（1）监控系统发出电压异常越限告警信息，相关电压指示降低、波动或升高。

（2）现场相关电压表指示降低、波动或升高。

（3）相关继电保护及自动装置发"TV 断线"告警信息。

2. 处置原则

交流电压回路发生断线时，如该保护为双重化配置且只有一套受影响，则应申请退出受影响的保护装置所有出口压板。对于压频保护，应退出该保护装置所有出口压板，并通知检修人员处理。

（三）保护装置直流电源故障

1. 现象

监控系统发出直流电源故障报警。

2. 处置原则

（1）检查保护卡件电源指示灯情况，检查保护盘直流电源。

（2）检查故障保护模块，排查装置退出的原因，视情况退出有关保护，通知运维人员进一步检查处理。

（3）保护装置掉电或故障后，需将出口压板退出后方可上电或进行复归操作，以防保护装置误出口。

（四）保护装置本体故障

1. 现象

（1）装置自检故障报警。

（2）监控系统发出装置故障报警。

2. 处置原则

（1）检查保护模块报警指示灯情况。

（2）检查故障保护模块，排查装置故障的原因，视情况退出有关保护，通知运维人员处理。

（3）保护装置掉电或故障后，需将出口压板退出后方可上电或进行复归操作，以防保护装置误出口。

（五）机组保护动作

1. 现象

（1）机组开关跳闸，机组电气停机。

（2）机旁盘声光报警。

（3）现地保护盘机组保护报警及跳闸指示灯点亮。

2. 处置原则

（1）立即查看保护动作情况（上位机及现地保护盘指示），判定保护确已动作。

（2）汇报调度保护动作情况并赴现场检查发电/电动机风洞内有无焦味、冒烟、着火现象，若发现火情，立即按发电/电动机运检规程着火规定灭火。

（3）监视机组停机稳态后，做好相应隔离，检查差动保护范围内的一、二次设备，将现场情况报告公司领导并通知运维人员进厂处理。

（4）若未发现明显故障，则通知运维人员测量保护范围内一、二次设备绝缘电阻值及转子绝缘电阻值。

（5）若绝缘电阻值合格，则通知运维人员对事故机组进行预防性试验和保护装置补充检验。

（6）事故处理后及预防性试验通过后，若保护装置补充检验正常，经生产单位审批后可以对机组进行零起升压，升压良好则可恢复机组系统备用。若升压过程中有异常，应立即停机检查。

（六）主变压器差动保护动作

1. 现象

（1）主变压器高/低压侧各开关跳闸，机组电气停机。

（2）主模拟屏声光报警。机旁盘声光报警。

（3）现地保护盘主变压器差动保护报警及跳闸指示灯点亮。

（4）主变压器廊道消防声光报警。

2. 处置原则

（1）立即查看保护动作情况（OIS/OWS 及现地保护盘），判定保护确已动作（若同时有主变压器重瓦斯保护动作信号则可判定主变压器内部发生严重故障），检查主变压器高/低侧各开关已断开，检查厂用电系统倒换正常。

（2）汇报调度保护动作情况。

（3）赴主变压器洞现场查看主变压器情况，根据实际反馈情况确认发生故障应立即向调度申请隔离故障主变压器。

（4）若主变压器室有火情或有大量绝缘油溢出，报告生产单位分管领导及运维人员，应立即按厂内主变压器运检规程中关于主变压器着火的规定处理。

（5）若确认主变压器无火情，在主变压器可靠隔离后，现地查看主变压器及差动保护范围内的一次设备的情况。

（6）立即通知运维人员测量保护范围内一、二次设备绝缘电阻值，进行保护装置补充检验并取油样进行分析。

（7）将现场检查情况汇报调度及生产单位分管领导，根据调度要求，恢复相邻主变压器运行。

（8）若主变压器流过较大的故障电流，则应对主变压器设备及烃类化合物含量进行检查分析。

（9）若绝缘电阻值合格及保护装置补充检验正常，则对事故主变压器进行预防性试验。

事故处理后及预防性试验通过后，在确认变压器外部无明显故障、检查瓦斯气体和进行油中溶解气体色谱分析，证明变压器内部无明显故障的情况下，可以试送一次，有条件时，应进行零起升压，升压良好则可恢复主变压器运行。若升压过程中有异常，应立即停止并隔离检查。

（七）主变压器轻气体保护装置动作

1. 原因

（1）因滤油、加油和冷却系统不严密，致使空气进入变压器。

（2）温度下降和漏油致使油位缓慢降低。

（3）变压器内部轻微故障，产生少量气体。

（4）变压器内部短路。

（5）保护装置二次回路故障（如直流系统发生两点接地现象）。

2. 处理

（1）复归信号，对主变压器进行外观检查（如储油柜的油位），观察主变压器负荷、油温、运行声音情况，查明动作原因，检查其是否因积聚空气、油位降低、二次回路故障或是变压器内部故障造成。如气体继电器内有气体，则应记录气量，观察气体的颜色及试验是否可燃，并取气样和油样做色谱分析，进而判断变压器的故障性质。

（2）若气体继电器内的气体是无色、无臭且不可燃，色谱判断为空气，则变压器可继续运行，并及时消除进气缺陷；若气体是可燃或油中溶解气体分析结果异常，应综合判断确定变压器是否停运。

（3）及时汇报网调、公司领导，尽可能申请转移变压器负荷直至停运该变压器，在变压器停运之前，继续监视变压器的运行情况。

（八）主变压器重气体保护装置动作

1. 原因

（1）因滤油、加油和冷却系统不严密，致使空气进入变压器。

（2）温度下降和漏油致使油位快速降低。

（3）变压器内部严重故障，产生大量气体。

（4）变压器内部短路。

（5）保护装置二次回路故障（如直流系统发生两点接地现象）。

2. 处理

（1）查看电气一次系统接线图，确认主变压器已跳闸，检查机组、厂用电运行情况。

（2）查看主变压器有关保护动作情况，及时汇报网调及相关领导。

（3）现地检查主变压器情况，若有火情处理具体处理措施详见厂内火灾处置应急预案。

（4）对变压器进行外观检查，重点检查以下情况：① 在线检测系统数值变化情况；② 储油柜、防爆管、冷却装置、各法兰连接处、各阀门等处是否喷油；③ 变压器油箱是否膨胀；④ 防爆管是否破裂喷油；各焊缝处是否裂开；⑤ 变压器的油温/绕组温度变化是否正常等。

（5）最后检查气体继电器内气体性质和油的气相色谱分析，若发现异常应尽快隔离故障主变压器进行处理，及时恢复相邻主变压器备用。

（6）若检查变压器外部无明显故障，检查瓦斯气体证明变压器内部无明显故障，经领导同意，在系统急需时可以试送一次，有条件时，应尽量进行零起升压（必要时可将重瓦斯保护改信号）。

（九）主变压器本体压力释放装置动作处理

1. 原因

主变压器本体内部发生严重的电气故障，产生大量气体导致箱体压力迅速升高到达压力释放装置限值。

2. 处理

（1）查看主变压器高低压侧开关已跳开，确认主变压器已跳闸，检查机组、厂用电运行情况。

（2）查看主变压器有关保护动作情况，及时汇报网调及相关领导。

（3）现地检查主变压器情况，若有火情处理具体处理措施详见厂内火灾处置应急预案。

（4）对变压器进行外观检查，重点检查以下情况：① 压力释放阀的喷油管是否有油喷出，是否破裂喷油；② 变压器油箱是否膨胀、各焊缝处是否裂开；③ 储油柜、冷却装置、各法兰连接处、各阀门等处是否喷油；④ 在线检测系统数值变化情况、变压器的油温/绕组温度变化情况等，并进行油的气相色谱分析。若发现异常尽快隔离故障主变压器并进行处理，恢复相邻主变压器备用。

（5）若检查变压器外观无异常无喷油，通过油的气相色谱分析证明变压器内部无明显故障，则通知相关人员检查压力释放装置。

（十）母线差动保护动作

1. 现象

（1）保护范围内开关跳闸，单元内机组电气停机。

（2）机旁盘声光报警。

（3）现地保护盘差动保护报警及跳闸指示灯点亮。

2. 处置原则

（1）立即查看保护动作情况（监控及现地保护盘指示），判定保护确已动作。

（2）汇报调度保护动作情况并赴现场检查一次设备有无焦味、冒烟、着火现象，若发现火情，立即按运检规程着火规定灭火。

（3）监视单元机组停机稳态后，做好相应隔离，检查差动保护范围内的一、二次设备，将现场情况报告公司领导并通知运维人员进厂处理。

（4）若未发现明显故障，则通知运维人员测量保护范围内一、二次设备绝缘电阻值。

（5）若绝缘电阻值合格，则通知运维人员对事故机组进行预防性试验和保护装置补充检验。

（6）母线差动保护动作原因未查明之前禁止一次设备送电。

五、继电保护日常维护

（一）保护装置点检

点检主要是设备主人在设备不退出运行情况下对其设备进行详细深入的专业巡视检查和分析工作，每周进行1～2次。点检除日常巡检的项目外，还应对重点部位或薄弱环节进行检查。

1. 装置现场运行环境检查

（1）检查继电保护室通风、照明及消防设备完好，无易燃、易爆物品。

（2）装置运行环境温度应大于5℃且小于30℃，相对湿度小于75%。

（3）根据环境情况投入空调机、除湿机，防潮加热器，并对其工作情况进行检查。

2. 装置面板及外观检查

（1）检查保护装置、电压切换箱、操作箱、继电器外壳应清洁，外壳无松动、破损、裂纹现象。

（2）检查保护装置、继电器工作状态应正常，液晶面板显示正确，无异常响声、冒烟、烧焦气味，面板无模糊，无异常报告现象。

（3）检查装置当前是否有告警灯亮、装置运行灯不亮、电源灯熄灭、人机界面死机、时间走失等异常现象。

（4）各类监视指示灯、表计指示正常。

（5）各二次回路断路器位置符合当前运行方式要求。

（6）检查与保护管理机及监控系统通信状态。

（7）检查装置对时正常。

3. 功能投、退检查

检查各功能开关、方式开关（把手）、断路器、压板投退情况符合现场运检规程规定。

（二）保护装置定期维护

定期维护主要是设备主人为进行状态评价，工作在设备不退出运行情况下进行的日常检查及维护工作，根据特定项目按月或季度执行。

1. 模拟量检查

（1）对照一次系统潮流，查看各 CPU 模拟量通道的幅值及相位，外接及自产零序电压、电流，判断潮流方向正确性；模拟量幅值、相位均在正常范围内，幅值与实际负荷相对应。

（2）进入差动保护菜单查看差动电流、制动电流，差动电流、零序电流和电压接近零值；一般情况下，通过保护装置面板查看，必要时使用钳形相位表测量。

（3）检查和分析每套保护在运行中反映出来的各类不平衡分量，从中找出薄弱环节和事故隐患，及时采取有效对策。

2. 开关量检查

采用查看、打印等方法检查装置的开关量输入和现场实际运行情况一致，保护压板投退、转换开关状态与定值要求一致，符合运检规程要求。

3. 故障录波装置检查

（1）对故障录波装置进行手动启动一次录波检查，检查装置录入的量正确，手动启动录波应保证后台机最终形成录波文件。

（2）定期对故障录波器数据进行清理，保证故障录波器内存裕量充足。

4. 打印机设备检查

检查打印纸是否充足、字迹是否清晰，负责加装打印纸及更换打印机色带。

5. 红外测温检查

利用红外成像仪对保护装置及二次回路进行检查（重点检查交流电流、交流电压二次回路接线端子、直流电源回路），应无异常。

（三）保护装置定值管理

1. 定值计算管理

（1）保护定值按照相关规程执行，经各专工、部门负责人审核以及分管领导批准后，由运维人员负责实施。

（2）定期组织召开审查会审查机组保护整定计算书，审查人员主要包括所在电网的调度或电科院、设计院、保护生产厂家、技术中心以及公司的继电保护专业人员，出具审查意见（会议纪要），审查通过后再履行生产单位内部的审批手续。

（3）定值计算原则必须统一，各级保护定值要严格配合，以满足选择性要求。如灵敏性和选择性不能兼顾，在整定计算时应优先考虑灵敏性。

（4）生产单位应安排专人每年对系统等值阻抗进行一次复核确认，当系统等值阻抗发生变化时，应重新核算继电保护定值。

2. 定值运行管理

（1）继电保护装置改变定值工作，应尽可能结合一次设备停电工作进行，无条件时，应制订方案并经分管领导批准后进行。

（2）执行保护定值修改过程中，若因定值变动范围较大或过渡时间长，使得各级保护相互配合关系暂时被破坏时，应事先制订定值更改计划，经分管领导批准后执行。

（3）保护定值调整工作完成后，应在运维人员和专工核对无误后，方可投入运行。

（4）须整定而无正式整定值的保护装置不得投入运行。

（5）现场继电保护装置定值的整定和更改，应按定值单的要求执行，其误差应符合有关规程、条例的规定。

3. 定值单管理

（1）定值单是继电保护定值执行的原始依据，必须保证其唯一性、正确性。

（2）定值单一般按照保护装置分类编发。不同类的定值，一般不应编发在同一定值单上。

（3）定值单在整定计算书被批准后由生产单位设备主人在生产管理信息系统中编制"设备定值单"，在使用该定值单前完成经班组核对、运维检修部负责人/专工审核后，提交本单位分管领导批准流程。

（4）设备定值执行由执行人持已批准的"设备定值单"，办理工作票手续后执行，定值执行完毕后必须与现场整定后装置打印的定值进行核对（无打印机的至少两人进行人工核对），确认无误后在定值单上签名。

（5）新投运设备的有关保护定值按照并网协议的要求及时报相应调度机构。

（6）生产单位现场整定遇到问题时，应与定值计算部门和定值计算专责人联系解决，如需更改定值，应按照规程规定报调度继电保护管理部门进行审批，原定值单作废，重新下发定值单，并按照最新定值单执行。

（7）定值执行人执行完毕后，应向运维负责人交代定值执行情况及运行注意事项。运维负责人及时告知值守人员，值守人员在运行记事中记录相关信息，在交接班时进行交代，执行人应及时将验收签名后的"设备定值单"提交中控室当班值守人员，并在班组留存一份，值守人员及时替换设备定值单专用文件夹中的"设备定值单"。

（8）生产单位运维检修部必须建立定值台账（含定值清单和定值单），对定值单分类按年排序保管。应作废的定值单必须及时作废，加盖"作废"章，不得与执行中的定值单混放。已作废定值单生产单位现场至少保存一年。

4. 软件管理

（1）运维检修部应做好微机继电保护装置的软件版本管理工作，负责建立微机继电保护

装置软件版本电子档案，记录各装置的软件版本、校验码和程序形成时间。

（2）运行或即将投入运行的微机继电保护装置的内部逻辑不得随意更改。确有必要对保护装置软件升级时，应由微机继电保护装置制造单位向生产单位运维检修部提供保护软件升级说明，并向调度机构进行备案，经生产单位运维检修部同意后方可更改。改动后应进行相应的现场检验，并做好记录。未经生产单位运维检修部同意，不得进行微机继电保护装置软件升级工作。

（3）凡涉及微机继电保护功能的软件升级，应通过相应保护装置运行管理部门认可的动模和静模试验后方可投入运行。

（4）微机保护使用的软件版本号管理应纳入定值管理，在保护定值整定和修改时一并复核，同套微机保护使用的软件版本号不相同不得投入运行。

六、继电保护检修

（一）保护装置定期检验

定期检验分为全部检验、部分检验两种。保护装置在出厂投运前全部检验；新装置投运一年后全部检验；以后按三年部分校验，六年全部校验进行。

1. 保护装置校验

（1）检验前准备工作。

1）了解被检验装置的一次设备情况及相邻一、二次设备情况。

2）经审批的标准化作业指导书。

3）与实际状况一致的图纸以及有效定值单。

4）上一次检验的试验报告、设备说明书。

5）合格的仪器仪表、工具及连接导线。

（2）电流互感器、电压互感器二次回路检验。

1）电流互感器：检查电流互感器二次绕组所有接线的正确性及端子排引线螺钉压接的可靠性；检查电流二次回路的接地点与接地状况。

2）电压互感器：检查电压互感器二次绕组、三次绕组所有接线的正确性及端子排引线螺钉压接的可靠性；检查串联在电压回路中的熔断器（自动开关）、隔离开关及切换设备触点接触的可靠性；测量计算电压二次回路的压降，其值不超过额定电压的3%。

（3）二次回路绝缘检查。

1）在保护屏柜的端子排处将所有电流、电压、直流控制回路的端子外部接线拆开，并将电压、电流回路的接地点拆开，用1000V绝缘电阻表测量回路对地的绝缘电阻，其绝缘电阻应大于1MΩ。

2）对使用触点输出的信号回路，用1000V绝缘电阻表测量回路对地的绝缘电阻，其绝缘电阻应大于1MΩ。

3）对采用金属氧化物避雷器接地的电压互感器的二次回路，定期检查时可用绝缘电阻表检验金属氧化物避雷器的工作状态是否正常，一般当用 1000V 绝缘电阻表时，金属氧化物避雷器不应击穿，而用 2500V 绝缘电阻表时，则应可靠击穿。

（4）装置外部检查。

1）装置内、外部清洁无尘；清扫电路板及屏柜内端子排上的灰尘。

2）装置的小开关、拨轮键钮良好，显示屏清晰、文字清楚。

3）各插件印刷电路板无损伤或变形，连线连接紧固。

4）各插件上元件焊接良好，芯片插紧。

5）各插件上变换器、继电器固定无松动。

6）装置横端子排螺钉拧紧，后板配线连接良好。

（5）装置上电检查。

1）拉合装置电源开关，装置应能正常工作，不误动作。

2）检查并记录装置的硬件和软件版本号、校验码等信息。

3）校对时钟。

（6）工作电源检查。

1）全部插件插入情况下，80% 额定工作电源下，保护装置应稳定工作。

2）电源自启动试验。

3）直流电源拉合试验。

4）逆变电源是否接近 DL/T 523《化学清洗缓蚀剂应用性能评价指标及试验方法》规定的最低无故障工作时间，如接近应更换。

（7）模数变换系统检验。

1）检验零点漂移：不输入交流电流、电压量，观察装置在一段时间内的零漂值是否满足装置技术条件的规定。

2）按照装置技术说明书规定的试验方法，分别输入不同幅值和相位的电流、电压量，观察装置的采样值是否满足装置技术条件的规定。

（8）开关量输入回路检查。对已投入使用的开关量输入回路依次加入激励量，观察装置的行为。

（9）输出触点及输出信号检查。在装置屏柜端子排处，按照装置技术说明书规定的试验方法，依次观察装置已投入使用的输出触点及输出信号的通断状态。

（10）事件记录功能。记录保护装置的动作报告信息、动作报告存储数量、动作报告分类以及这些能否转换为电力系统暂态数据交换通用格式。

（11）整定值的整定及检验。将装置各有关元件的动作值及动作时间按照定值通知单进行整定后的试验。

（12）整组试验。各保护之间的配合、装置动作行为、断路器动作行为、保护起动故障录波信号、调度自动化系统信号、中央信号、监控信息等正确无误。

（13）与厂站自动化系统、继电保护及故障信息管理系统配合检验。

1）厂站自动化系统：各种继电保护的动作信息和告警信息的回路正确及名称正确。

2）继电保护及故障信息管理系统：各种继电保护的动作信息、告警信息、保护状态信息、录波信息及定值信息正确无误。

（14）装置投运。

1）工作无漏试验项目。

2）装置定值与有效定值单一致。

3）试验数据、试验结论完整正确。

4）拆除在试验时使用的试验设备、仪表及一切连接线，清扫现场。

5）所有拆接二次线已恢复试验前状态。

6）所有保护信号已复归，保护装置无出口信号。

2. 保护装置补充检验

运行中装置的补充检验分为以下五种：

（1）对运行中的装置进行较大的更改（如更换交流插件、更换 CPU 插件、更换出口插件、软件版本升级等）或增设新的或改动二次回路后的检验。

（2）检修或更换一次设备后的检验。

（3）运行中发现异常情况后的检验。

（4）事故后的检验。

（5）已投运行的装置停电一年及以上，再次投入运行时的检验。

（二）电流互感器、电压互感器检验

1. 新安装电流互感器、电压互感器检验

（1）绕组的极性。测试互感器各绕组间的极性关系，核对铭牌上的极性标志是否正确。检查互感器各次绕组的连接方式及其极性关系是否与设计符合，相别标识是否正确。

（2）绕组及其抽头的变比。有条件时，自电流互感器的一次分相通入电流，检查工作抽头变比及回路是否正确（发电机−变压器组保护所使用的外附互感器、变压器套管互感器的极性与变比检验可在发电机做短路试验时进行）。

（3）电压互感器在各使用容量下的准确级。电压互感器的变比、容量、准确级必须符合设计要求。

（4）电流互感器各绕组的准确级（级别）、容量及内部安装位置。电流互感器的变比、容量、准确级必须符合设计要求。

（5）二次绕组的直流电阻（各抽头）。二次绕组的直流电阻（各抽头）符合 GB 50150《电气装置安装工程 电气设备交接试验标准》的要求。

（6）电流互感器各绕组的伏安特性。电流互感器各绕组的伏安特性符合 GB 50150《电

气装置安装工程 电气设备交接试验标准》的要求。

（7）电流互感器各绕组的负载特性。自电流互感器的二次端子箱处向负载端通入交流电流，测定回路的压降，计算电流回路每相与中性线及相间的阻抗（二次回路负担）。将所测得的阻抗值按保护的具体工作条件和制造厂家提供的出厂资料来验算是否符合互感器10%误差的要求。

2. 电流、电压互感器定期检验

（1）二次绕组的直流电阻（各抽头）。二次绕组的直流电阻（各抽头）符合要求。

（2）电流互感器各绕组的伏安特性。电流互感器各绕组的伏安特性符合要求。

（3）电流互感器各绕组的负载特性。自电流互感器的二次端子箱处向负载端通入交流电流，测定回路的压降，计算电流回路每相与中性线及相间的阻抗（二次回路负担）。将所测得的阻抗值按保护的具体工作条件和制造厂家提供的出厂资料来验算是否符合互感器10%误差的要求。

七、继电保护典型案例

（一）发电机差动保护动作

案例详情：某电站4号机组抽水调相启动过程中因发电机差动保护动作导致工况转换失败。2015年9月22日20:34，某电站4号机组抽水调相工况启动，转速上升至额定转速后，20:39监控系统出现"M/G PROTA TRIP""DIFF TRIP""M/G PROTB TRIP""IEE ≫ TRIP""ELECTRIC TRIP RELAISACTIVE"报警信息，差动保护动作，4号机电气停机。故障导致4号发电电动机线棒损坏9根，分别位于10、11、12、14、15、25、26、36、250槽，其中上层线棒损坏3根，下层线棒损坏6根，另外还有部分线棒端头变形。

结合故障现场和保护动作情况、保护录波图进行分析，认为此次故障的原因为机组抽水调相启动至98%额定转速时，由于振动，发电机定转子气隙监测线脱落，搭接在14槽（C相）和15槽（A相）定子下层线棒下端部，由于此两根线棒位于C相和A相出线侧，电动势均为本相最高，推测气隙监测线在脱落舞动过程中首先导致A相（15槽下层线棒）对气隙监测线放电，引发A相接地故障，紧接着C相（14槽下层线棒）也对该气隙监测线放电，导致A相和C相相间短路，随后由于电弧将相间绝缘盒烧损导致三相短路。

（二）主变压器差动保护动作

案例详情：某电厂500kV断路器空载合闸过程中，主变压器B相高压绕组的500kV进线上半部首端第1、2饼内部发生饼间和匝间短路。绕组发生严重扭曲变形，变形部分的高压绕组向内挤压，损坏高、低压绕组之间的主绝缘，造成高压绕组对低压绕组击穿放电，变压器高压侧电压窜入低压侧，导致低压侧三相绕组出现同相位电压剧增，通过低压侧避雷器接地形成电流通道并造成主变压器低压侧B相避雷器损坏。主变压器差动保护动作相应开关跳开切断故障电流。

现场人员检查发现主变压器室内有油雾，主变压器铁芯、夹件附近外壳向外漏油。继续检查发现主变压器低压侧避雷器 B 相故障，有放电痕迹。

经分析，最终确认为主变压器受冲击发生高压侧绕组击穿，导致 B 相绕组变形窜入低压侧绕组 B 相并导致避雷器击穿的故障形成电流通路，且在主变压器低压侧 TA 以内从而出现差动电流，作为主保护的主变压器差动保护即可快速拉开主变压器各侧开关切断故障电流。

（三）线路保护动作

案例详情：9 月 3 日 21:25:02，某抽水蓄能电站所在地为较强雷暴天气。线路第一、二套分相电流差动保护动作跳开电站本侧断路器 A、B、C 三相。该线共配置了两套线路保护，分别为 PCS-931A-G（第一套）和 CSC-103A-G（第二套）保护装置；线路开关配置了一套 PCS-921A-G 开关失灵保护装置，具有单相一次重合闸功能（定值 1.3s）。故障发生后值守人员立即到现场查看各保护装置动作情况及故障录波情况，具体如下：

（1）线路第一套保护（PCS-931A-G）8ms 纵联差动保护动作、14ms 接地距离Ⅰ段动作、16ms 相间距离Ⅰ段动作，最大零序电流为 2.68A，最大差动电流为 4.48A，故障测距 20.10km，故障相别 BC。

（2）线路第二套保护（CSC-103A-G）15ms 纵联差动保护动作，16ms 相间距离Ⅰ段动作，21ms 闭锁重合闸，故障测距 18.63km，故障相别 BCN。

（3）开关保护（PCS-921A-G）48ms 5052 断路器 B、C 两相分别跳闸、49ms 5052 断路器三相跟跳动作、50ms 5052 断路器沟通三相跳闸动作。

故障录波装置波形分析具体情况如下：故障前线路二次侧三相电压约为 60.5V，零序电压约 0.108V，零序电流为 0.002A。故障中 A 相二次侧电压 U_a 为 56.249V，B 相二次侧电压 U_b 下降至 14.549V，B 相二次侧电流上升至 2.792A；C 相二次侧电压 U_c 下降至 16.603V，C 相二次侧电流上升至 2.444A；零序二次电压 $3U_0$ 上升至 31.696V，零序二次电流 $3I_0$ 上升至 2.717A。

故障瞬间 A 相电压、电流幅值无明显变化；B、C 两相电压幅值明显降低，电流幅值明显升高；零序电压幅值升高，零序电流幅值升高。故障特征符合两相短路接地故障。且 B、C 两相电压、电流幅值并不相等，C 相电压幅值稍大于 B 相，B 相电流幅值大于 C 相，说明 B、C 两相短路接地非金属性直接接地，而是两相短路经过渡电阻接地。

综合上述分析，初步判断为雷击导致线路 B、C 两相短路非金属性接地，短路瞬间最大差动电流 4.48A 超过分相电流差动保护启动定值 0.21A，保护启动，故障点距该电站 18~20km，在分相电流差动保护范围之内，差动保护制动电流较小，分相电流差动保护正确动作，同时两相短路动作跳开开关 A、B、C 三相，闭锁开关重合，保护动作行为正确，动作时间正确。

故障发生后运维人员立即查看保护装置动作及故障录波装置录波情况，检查确认保护装置及故障录波装置无异常，进行地面 GIS 及出线厂一次设备检查，检查无异常。对侧变电站按调度指令进行强送成功后，线路恢复线路电压，根据调度命令开关同期合闸成功，线路恢复正常运行。

第三节 频率协控系统运检

一、频率协控系统概述

（一）频率协控系统功能说明

频率协控系统是保障电网频率稳定，在直流发生闭锁或功率紧急速降，导致电网出现大功率缺额的情况下，通过直流紧急提升、切除抽蓄电厂水泵机组、切除电网可中断负荷等一系列协调控制措施，保证不触发第三道防线低频减载动作、不发生频率崩溃的重要安全稳定控制系统。

以华东区域为例，频率协控系统主要由下述部分组成：协控总站、直流协控主站、抽蓄切泵控制主站、直流协调子站、抽蓄切泵子站、电网网荷快速切负荷控制系统组成。单独抽蓄电站主要作为控制系统中抽蓄切泵子站执行站，当发生特高压直流故障时，电网系统保护中的协控主站将故障信息和需切泵控制量发送至抽蓄控制主站，抽蓄控制主站按不同故障对应的水泵控制顺序，依次切除（过切为止），并将切泵命令发送至抽蓄执行站进行切除。

当电网发生低频时，低频各轮次动作，切除相应水泵（机组处于抽水状态）。

部分抽蓄电站配置的频率协控系统装置同时具备以下功能：直流受端电网故障时，装置接收上级安控系统命令切除本站发电机（机组处于发电状态），确保系统稳定。

根据抽蓄电站电气部分的连接方式，频率协控装置即抽蓄切泵子站执行站的总体架构一般分为三部分：地下厂房、主控楼和升压站。综合考虑系统的可靠性和运行维护的方便性，对频率协控装置的典型屏柜、通道布置及电气量接入进行设计，频率协控装置屏柜布置图如图2-3-1所示，图中光缆仅代表连接关系，并不代表实际走线位置。频率协控装置按照主从配置，主机位于升压站，采集各回出线的三相电压、三相电流；从机位于地下厂房，采集各台机组三相电压、三相电流，根据采集的交流量自动判断系统运行方式与每台机的发电或抽水状态，并通过光纤与主机相连（考虑可能距离达到2km，需使用单模光纤连接）；通信机箱位于主控楼，通过光纤与主机相连，再经站内通信设备与抽蓄控制主站进行通信，完成系统相关控制功能。

装置功能为过频切机、低频切泵，当运行于抽水状态（泵状态）时，接收主站切机。

由于本站接入机端电压，因此，机组在发电状态下，功率为正；抽水状态下，功率为负。值得注意的是，本装置在接线时必须保证发电状态下发电机功率为正，抽水状态下电动机功率为负，否则装置对电网故障不能采取正确的策略。

对线路接线必须保证送出时功率为正，受进时功率为负。

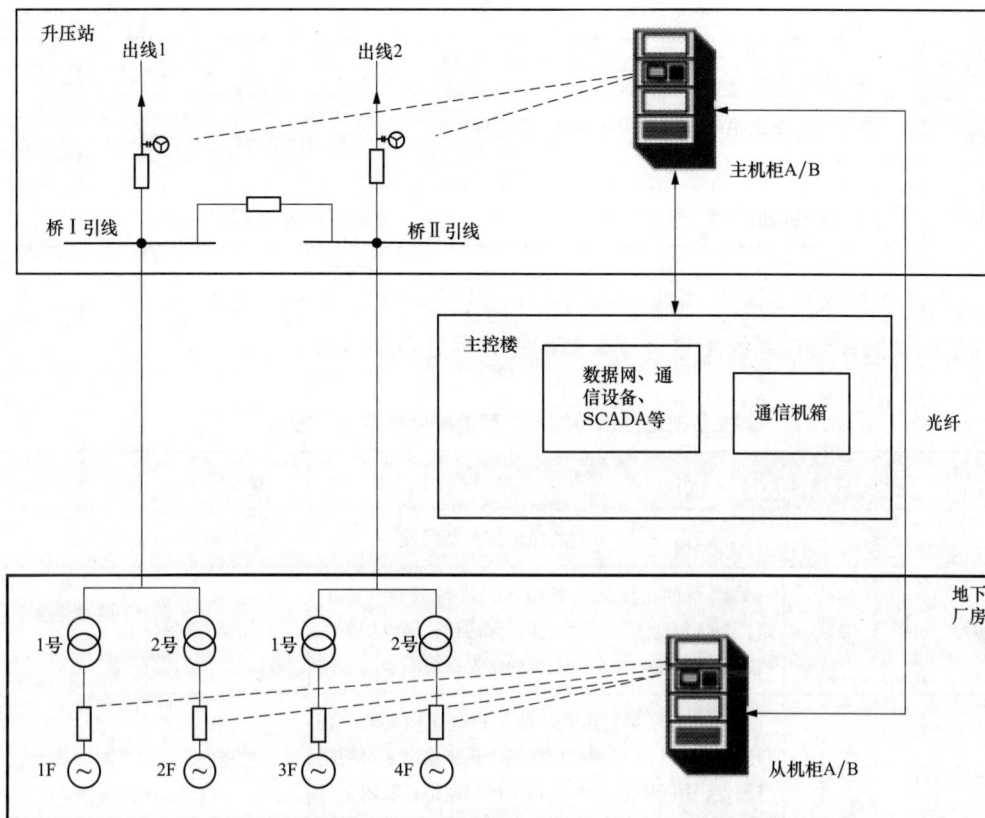

图 2-3-1 频率协控装置屏柜布置图

只有当机组功率为负且功率绝对值大于"抽水运行功率门槛"定值时，才认为该发电机运行在抽水状态，切泵时才可能切该泵。

本站各策略动作切泵时，若前面已有切泵策略动作，则在前面已切泵基础上追加采取切泵措施，即总切泵量为各动作策略切泵量的累加。例如低频一轮动作需切两台泵，低频二轮动作需切两台泵，则总共切四台泵。据悉，华东区域 2022 年版《华东电网频率紧急协调控制系统运行管理规定》为减小抽蓄机组切泵对于厂内设备的影响，原则上，当电厂抽蓄子站投跳闸状态时，若厂内全部机组均处于抽水工况，应自行确定一台运行机组作为保留机组，并退出该运行机组的允切压板和切机出口压板，投入剩余机组的允切压板和切机出口压板。

（二）装置输入输出

装置输入输出量见表 2-3-1。

表 2-3-1　　　　　　　　　　装 置 输 入 输 出 量

机柜	输入量	输出量
主机柜	出线 1 三相电压、三相电流（主机柜）；出线 2 三相电压、三相电流（主机柜）	无跳闸出口，中央信号、站内监控、集中管理系统等

续表

机柜	输入量	输出量
从机柜	采集所有水泵机组高压侧三相电压与三相电流（从机柜）	所有机组跳闸出口、中央信号
通信机箱	与主机柜通信信息	至抽蓄控制主站 2M 通道

（三）屏柜配置方案

抽蓄电站频率协控系统配置屏柜典型配置方案见表 2-3-2。

表 2-3-2　　　　　　　　　抽蓄电站频率协控系统配置屏柜典型配置方案

名称	数量	主要功能	安装位置	备注
		4 台机组电站典型配置		
频率协控主机柜	2 面	采集两回出线的三相电压，进行低频切泵判断；与从柜通信，与通信接口屏通信，接收切泵主站下发的指定切泵命令；屏内含光纤终端盒	升压站保护室	两套装置，各组一面屏
频率协控从机柜	2 面	采集 4 台水泵机组高压侧三相电压和电流，判断运行状态上送至主机柜；具备至少输出 8 对跳闸空触点，用于切除水泵。与主机柜通信；屏内含光纤终端盒	地下厂房	两套装置，各组一面屏
通信接口屏	1 面	每套装置能提供 2 个 2M 口，屏内含光纤终端盒和光电转换装置	主控楼	两套装置，各组一面屏
4 芯单模光缆	米	各屏之间信号传输	主机屏与从机屏、通信接口屏之间	需自行熔接光纤，光缆长度根据各站实际需要确定
连接尾纤	根	根据实际需要配置	—	各类尾纤均至少含 2 根备用
打印机	1 台	—	主机屏	—
站内组网设备	1 套	两套安稳装置站内组网，含光电转换设备，通过调度数据网将装置监控信息发送至调度端	主机屏，通信接口屏	含网线

（四）主要功能要求

频率协控系统抽蓄切泵执行站主要完成以下三部分功能：

（1）向抽蓄切泵系统主站上送本站水泵运行信息、允切信息及优先级。

（2）接收抽蓄切泵系统主站发来的指定切除水泵命令，切除指定水泵。

（3）根据本电站出线电压，判断电网低频，达到低频动作定值时，切除本站水泵。

二、频率协控系统巡检

（一）频率协控系统巡检内容

1. 装置现场运行环境检查

（1）环境温度：5～30℃，湿度：<75%。

（2）设备室通风、照明及消防设备应完好，无易燃、易爆物品。

（3）根据环境情况投入空调机、除湿机，防潮加热器，并对其工作情况进行检查。

2. 装置面板及外观检查

（1）安全自动装置、电压切换箱、操作箱、继电器外壳应清洁，外壳无松动、破损、裂纹现象。

（2）装置、继电器工作状态应正常，液晶面板显示正确，无异常响声、冒烟、烧焦气味，面板无模糊，无异常报告现象。

（3）各类监视指示灯、表计指示正常。

（4）各二次回路断路器位置符合当前运行方式要求。

3. 功能投、退状态检查

各功能开关、方式开关（把手）、断路器、压板投退情况符合现场运检规程规定。

4. 信号及告警检查

检查装置当前是否有告警灯亮、装置运行灯不亮、电源灯熄灭、人机界面死机、时间走失等异常现象。

（二）频率协控系统巡检注意事项

（1）巡检检查按规定的内容和线路进行，分为日常巡检和设备特巡，主要内容是检查设备运行状态，是否存外部明显缺陷和其他异常情况，巡检记录设备主要运行参数数据是否正常，每天进行 1 次。

（2）频率协控系统的日常巡检由运维人员进行，巡检检查发现设备异常及时记录和处理。

（3）巡检检查结合当前运行状况，确定重点巡检部位和重点巡检内容，下列情况增加巡检检查次数：

1）设备新投运或检修后恢复运行。

2）设备运行参数异常变化或超过规定值。

3）一次设备故障跳闸或运行中发现异常现象。

三、频率协控系统操作

（一）频率协控系统设备状态定义

1. 跳闸

交直流回路投用，总功能压板、远方命令切泵功能压板、就地低频切泵功能压板、通信通道投入压板均投入，设备检修压板正确投退，选定的允切机组的机组允切压板和切机出口压板投入。

2. 信号

交直流回路投用，通信通道投入压板投入，设备检修压板正确投退，选定的允切机组的机组允切压板投入，总功能压板、远方命令切泵功能压板、就地低频切泵功能压板、所有允切机组的切机出口压板停用。

3. 停用

交直流回路、总功能压板、远方命令切泵功能压板、就地低频切泵功能压板、通信通道投入压板、设备检修压板均停用，所有机组的机组允切压板和切机出口压板停用。

（二）操作原则

安全自动装置的投入、退出等操作需得到相应调度值班人员的指令或许可，具体压板投退由操作组人员根据现场运检规程进行操作。退出全套安全自动装置时，应先退出装置所有出口压板，再退功能压板，投入时反之。安全自动装置出口压板投入前，操作人员应用高内阻的电压表检验压板的每一端对地电位都正确后，确认装置未给出跳闸或合闸脉冲后，方可投入出口压板，并将此操作项写入操作票。拉、合装置直流电源前，应先退出安全自动装置所有出口压板。

凡操作过程中可能会导致安全自动装置误动时，应先申请将可能误动的装置退出，操作完毕后，一次系统恢复正常方式前重新投入。安全自动装置动作后，由操作组人员完成现场处置并通知运维人员进行现场检查，打印故障报告，确认故障录波器信息记录完好。涉及调度范围内一次设备倒闸操作时，相应的安全自动装置投退按调度要求执行。安全自动装置的正常检验和缺陷处理工作，应按调度管理规定，履行申请和审批手续，现场不得擅自改变装置的运行状态。

（三）注意事项

抽蓄子站投跳闸状态时，应投入所有未检修机组的允切压板和切机出口压板，并退出检修机组的允切压板和切机出口压板，若因特殊原因，部分未检修机组需要退出允切压板和切机出口压板，应提前向分中心正式申请，得到许可后方能操作。

运行人员应负责根据要求投入相应机组的允切压板和切机出口压板。只有投入允切压板和切机出口压板的机组才可供装置选择切除。为减小抽蓄机组切泵对厂内设备的影响，原则上，当电厂抽蓄子站投跳闸状态时，若厂内全部机组均处于抽水工况，应自行确定一台运行机组作为保留机组，并退出该运行机组的允切压板和切机出口压板，投入剩余机组的允切压板和切机出口压板；若厂内部分机组处于停机或检修状态，则应投入剩余运行机组的允切压板和切机出口压板，并退出检修机组的允切压板和切机出口压板。

四、频率协控系统日常维护

点检主要是设备主人在设备不退出运行情况下对其设备进行详细深入的专业巡检检查和

分析工作，每周进行 1～2 次。点检除日常巡检的项目外，还应对重点部位或薄弱环节进行检查。

（一）装置面板及外观检查

（1）检查频率协控系统、继电器外壳应清洁，外壳无松动、破损、裂纹现象。

（2）检查频率协控系统、继电器工作状态应正常，液晶面板显示正确，无异常响声、冒烟、烧焦气味，面板无模糊，无异常报告现象。

（3）检查装置当前是否有告警灯亮、装置运行灯不亮、电源灯熄灭、人机界面死机、时间走失等异常现象。

（4）各类监视指示灯等指示正常。

（5）各二次回路断路器位置符合当前运行方式要求。

（6）检查装置与监控系统通信状态正常。

（7）检查装置对时正常。

（二）功能投、退检查

（1）总功能压板应按照调度要求和站内规程投退。

（2）元件投运 / 检修压板应按照元件实际运行状态投退。

（3）双套频率协控装置间信息交互压板（另柜通道压板）应按照调度要求和站内规程投退。

（4）电厂允切压板和出口压板应按照调度要求和厂内规程投退，机组允切压板和出口压板应同投同退。

定期维护主要是设备主人为进行状态评价工作在设备不退出运行情况下进行的日常检查及维护工作，根据特定项目按月或季度执行。

（三）模拟量检查

对照一次系统潮流，查看装置面板上显示的功率、电压、电流、频率与监控，以及频率协控系统上显示值并进行对比，检查是否存在偏差，幅值与实际负荷是否对应。

（四）开关量检查

采用查看、打印等方法检查装置的开关量输入和现场实际运行情况一致、压板投退与调度及规程要求一致。

（五）打印机设备检查

检查打印纸是否充足、字迹是否清晰，及时加装打印纸及更换打印机色带。

（六）光纤通道（包括复用）检查

（1）无光纤通道告警，相关数据正常，光纤连接处无松动。

（2）尾纤、网线、光口、2M 接口装置及 2M 电接口标识规范、连接正确。

（3）尾纤、尾缆布置整齐，无挤压。

（4）光纤（或同轴电缆）接头连接应牢靠，不应有松动、虚接现象。

（5）通信接口装置运行指示灯显示正常，光口和电口通信良好。

（七）红外测温检查

利用红外成像仪对频率协控系统装置及二次回路进行检查（重点检查交流电流、交流电压二次回路接线端子、直流电源回路），应无异常。

五、频率协控系统检修

（一）一般要求

频率协控系统的检验工作要本着"安全第一，预防为主，应检必检，检必检好"的原则，结合一次设备的停电检修，有计划、有步骤、有组织地实施。应充分利用一次设备停电消缺机会开展频率协控系统二次回路传动、绝缘检查和端子除尘、紧固等维护工作。

在运行设备的二次回路上进行拆、接线工作或者在对检修设备执行隔离措施时，需断开、短接和恢复同运行设备有联系的二次回路工作，应开具二次安全措施票。工作中需要拆除二次线时，应做好记录和标记，工作结束后按原始记录恢复。所有接线端子或连接片上的电缆标号应完整齐全，连接螺钉牢固可靠，标记清晰并与图纸相符。

应编制现场试验检测标准化作业指导书，并经生产单位审批通过后方可实施。现场工作结束前，工作负责人应会同工作人员检查检验工作有无漏项，结果是否正确。同时应复查临时接线是否全部拆除，拆下的线头是否全部接好，图纸是否与现场接线相符，标志是否正确完备。工作结束时，应将全部设备及回路恢复到工作前的状态，并向运维负责人详细交代工作过程中短接线、拆线、连片切换及整个试验情况，将工作完成情况和发现的问题及注意事项等记入继电保护工作记录簿，并将相关内容记录在保护装置检验报告。

（二）检验规定

频率协控系统的检验种类分为新安装装置的检验、运行中装置的定期检验（简称定期检验）、运行中装置的补充检验（简称补充检验）。

新建及改造安全自动装置投产前，应开展新安装装置的验收检验。装置投产后1年内，应开展投运后的首次全部检验，每6年应开展一次全部检验。常规站安全自动装置每2~4年应开展一次部分检验。装置软硬件或二次回路变动、所涉一次设备改造、装置发生异常或不正确动作且原因不明时，应根据需要开展补充检验工作。

双重化配置的安全自动装置，在保证一套稳控系统功能完整、可靠运行的情况下，可通过轮退另一套稳控系统的方式开展检验工作。

当一次设备不能同步停运时，可单独退出安全自动装置进行"装置检验"，完成安全自动装置本体及具备检验条件的二次回路部分的检验工作。当一次设备停运时，可进行安全自动装置与一次设备间的"整组试验"，完成稳控装置相关二次回路剩余部分的检验及一次设备实际传动工作。

发现装置运行情况较差，可考虑适当缩短检验周期，并有目的、有重点地选择检验项目。

（三）检修项目

1. 屏柜及装置检查

屏柜检查主要包括：① 检查屏柜上的设备及端子排上内部、外部连线的接线应正确，接触应牢靠，标号应完整准确，且应与图纸和运行规程相符合；② 检查电缆终端电缆标识牌完整清晰，与图纸相符；③ 检查电缆孔防火堵塞严密、完整，电缆屏蔽层可靠接地，屏柜内接地铜排应用截面积不小于 $50mm^2$ 的铜缆与保护室内的等电位接地网相连等。

装置外部检查主要包括：① 检查装置的配置、型号、额定参数（直流电源额定电压、交流额定电流、电压等）应与设计相符合；② 检查装置屏柜命名与调度命名一致，前后门屏幕标识齐全、清晰，无破损、不完整、粘贴不牢等现象；③ 检查装置电源指示灯、运行状态指示灯显示正常，无异常告警灯点亮；④ 检查装置面板按键、触摸屏灵敏有效；⑤ 检查压板标识正确齐全，压板颜色、命名符合设计规范和运行规程，同一屏柜不同装置对应的压板应做明显的区隔；⑥ 检查装置外壳接地可靠，接地线截面积不小于 $4mm^2$，保护屏柜及门体应可靠接地等。

装置内部检查主要包括：① 检查装置内部是否清洁无积尘，若有，清扫电路板及屏柜内端子排上的灰尘；② 检查各插件印刷电路板是否有损伤或变形，连线是否连接好；③ 检查各插件上元件是否焊接良好，芯片是否插紧；④ 检查装置插件紧固螺钉是否锁紧，应目视无松动，且备用插件口插针不应裸露；⑤ 检查装置背板、顶部是否清洁无积尘，背板备用通信端口应采用防尘帽等防尘措施；⑥ 检查装置端子排螺钉是否拧紧，后板配线连接是否良好等。

二次回路绝缘检查内容：① 在屏柜的端子排处将所有电流、电压、直流控制回路的端子外部接线拆开，并将电压、电流回路的接地点拆开，用 1000V 绝缘电阻表测量回路对地的绝缘电阻，其绝缘电阻应大于 $1M\Omega$；② 对使用触点输出的信号回路，用 1000V 绝缘电阻表测量回路对地的绝缘电阻，其绝缘电阻应大于 $1M\Omega$；③ 对采用金属氧化物避雷器接地的电压互感器的二次回路，定期检查时可用绝缘电阻表检验金属氧化物避雷器的工作状态是否正常；一般当用 1000V 绝缘电阻表时，金属氧化物避雷器不应击穿，而用 2500V 绝缘电阻表时，则应可靠击穿等。

2. 电源检查

（1）稳定性检测。直流电源分别在 80%、100%、115% 额定电压下，有测试条件时应测量逆变电源的各级输出电压值，测量结果应符合 DL/T 527《继电保护及控制装置电源模块（模件）技术条件》的规定。

（2）自启动性能检验。直流电源缓慢上升至 80% 额定电压，此时装置电源插件面板上的电源指示灯应亮，直流消失装置闭锁触点应打开。

（3）电源拉合试验。固定直流电源为 80% 额定电压，拉合直流开关，装置电源应可靠启动。检查装置不应误动、不误发保护动作信号。

（4）电源模块更换。保护装置的开关电源模块在运行 6 年后宜进行更换。

3. 开关量、模拟量检验

（1）开关量输入回路检查。

1）新安装保护装置的验收检验。

a. 在保护屏柜端子排处，按照装置技术说明书规定的试验方法，对所有引入端子排的开关量输入回路依次加入激励量，检查装置的行为。

b. 按照装置技术说明书所规定的试验方法，分别接通、断开连接片及转动把手，检查装置的行为。

c. 保护装置光耦的工作电压须是保护装置的额定电压，光耦最小动作电压范围应为 55%～70% 直流额定电压，并应有足够的动作功率。

d. 大功率继电器测试，要求动作功率不小于 5W，触点动作时间大于 10ms。

2）全部检验。仅对已投入使用的开关量输入回路依次加入激励量，检查装置的行为。

3）部分检验。可随装置的整组试验一并进行。

（2）输出触点及输出信号检查。

1）新安装保护装置的验收检验。在装置屏柜端子排处，按照装置技术说明书规定的试验方法，依次检查装置所有输出触点及输出信号的通断状态。

2）全部检验。在装置屏柜端子排处，按照装置技术说明书规定的试验方法，依次检查装置已投入使用的输出触点及输出信号的通断状态。

3）部分检验。可随装置的整组试验一并进行。

（3）模数变换检验。

1）检验零点漂移。进行本项目检验时，要求装置不输入交流电流、电压量，并将装置电流回路开路，电压回路短接。观察装置在一段时间内的零漂值符合装置技术条件的规定。

2）模拟量输入的幅值和相位精度检验。

a. 新安装保护装置的验收检验。按照装置技术说明书规定的试验方法，分别输入不同幅值和相位的电流、电压量，检查装置的采样值满足装置技术条件的规定。

b. 全部检验。可仅分别输入不同幅值的电流、电压量。

c. 部分检验。可仅分别输入额定电流、电压量。

（4）事件记录功能。记录装置的动作报告信息、动作报告存储数量、动作报告分类以及这些能否转换为电力系统暂态数据交换通用格式。

（5）安全稳定控制装置信息传送和启动判据检查。

1）查看稳控系统各装置间的信息传输。

2）模拟每一种启动判据分别满足启动条件，检查装置能否进入启动状态。

（6）整定值整定检验及整组试验。

1）保护定值的整定步骤及要求如下：

a. 将整定通知单上的整定值输入保护装置，然后打印出整定值清单进行核对。

b. 断、合装置电源开关，装置的整定值在直流电源失电后不应会丢失或改变。

2）检验是装置整定后进行的试验，一般应遵守如下原则：

a. 每一套频率协控系统应单独进行整定检验。试验接线回路中的交、直流电源及时间测量连线均应直接接到被试保护屏柜的端子排上。交流电压、电流试验接线的相对极性关系应与实际运行接线中电压、电流互感器接到屏柜上的相对相位关系（折算到一次侧的相位关系）完全一致。

b. 在整定检验时，除所通入的交流电流、电压为模拟故障值并断开断路器的跳、合闸回路外，整套装置应处于与实际运行情况完全一致的条件下，而不得在试验过程中人为地改变。

c. 装置正确按照定值判别低频动作，模拟线路频率逐步降低，满足不同轮次低频动作定值及延时条件。装置判别出的跳闸结果与实际应一致，判据正确。

d. 定期检验按保护装置标准验收检验。

3）整组试验包括如下内容：

a. 整组试验时应检查各保护之间的配合、装置动作行为、断路器动作行为、保护起动故障录波信号、调度自动化系统信号、中央信号、监控信息等正确无误。

b. 借助传输通道实现的整组试验，应与传输通道的检验一同进行。

（7）与监控系统、故障录波器的配合检验。

1）检验人员在与监控系统、故障录波器配合检验前应熟悉图纸，并了解各传输量的具体定义并与监控系统、故障录波器系统的信息表进行核对。

2）现场应制定配合检验的传动方案。

3）定期检验时，可结合整组试验一并进行。

4）对于监控系统，检验频率协控系统动作信息和告警信息的回路正确性及名称的正确性。

5）对于故障录波器系统，检验动作信息、告警信息及录波信息传输正确性。

4. 检修注意事项

频率协控系统一般具备两个途径对运行间隔或其他厂站施加影响。一是本地跳闸出口；二是通过通信通道向其他站发送命令或重要电网信息。为确保设备安全，实验前必须退出试验频率协控系统屏柜的所有出口压板并做好标识；断开上述频率协控系统屏柜的对外保护通道并做好标识、方便恢复。

在需要将其中一套装置退出运行做试验，而整套系统又不允许退出时，应退出"通道投入"压板，防止对子站或执行站发出动作命令。若频率协控系统与保护装置的TA回路串在一起，在做其他保护试验时，请注意退出相应的稳控装置或采取安全措施，以免装置误动。

相关线路作开关传动时注意退出相应的压板。如果需要量出口，一定要注意不能用万用表的通断档，要用直流电压档量压板下端对地的电压。

电站应检查频率协控系统的运行规定是否完善，明确稳控装置的 TA 回路（最好在保护的屏前画张 TA 回路图，提醒保护人员回路后面有频率协控系统），前级保护做试验或检修线路。新投运线路、机组、主变压器做试验时，是否明确规定与频率协控系统要有明显的隔离点（断开相应元件的 TV 空气断路器，TA 回路可靠短接或跨接），确保试验电流、电压不会进入稳控装置。在检修完成后或元件投运后再接入频率协控系统。

六、频率协控系统典型故障及处理措施

（一）运行装置闭锁

1. 主机或者任意从机直流意外断电

（1）装置现象：主机运行灯熄灭、异常灯亮或任意从机运行灯熄灭异常灯亮。

（2）处理建议：如果是任意装置掉电，则该装置所有灯熄灭。针对此情况请核实直流空气断路器及直流回路电压是否正常（电压不稳、或过低，装置也会闭锁）；查看主机报文，如出现"DSP 定值出错""程序出错""存储器出错"等报文，请联系厂家处理。

2. 主从机通信中断

（1）装置现象：上条所述现象出现后，装置报"从机通信异常"。

（2）处理建议：检查与该从机的通信链路，即尾纤、光缆是否中断或光功率损耗过大（用手机可见光可初步判断通断与否，光功率计可用于专业测试）；排除以上环节后，可对装置相关发光器件进行光功率测试。

3. 光耦异常或电源插件异常

（1）装置现象：第一条所述现象出现后，装置报"光耦异常"或"电源异常"。

（2）处理建议：在外部直流正常的情况下，甩开外部开关量输入回路正电，测量装置 24V 输出是否正常。需要注意的是，外部回路接地会拉低光耦正电，也会报出异常。

（二）液晶显示异常

（1）装置现象：液晶花屏、显示空白、亮度不够。

（2）处理建议：对于年久装置屏幕花屏不清晰的，一般重启效果不明显，可以考虑更换液晶；显示空白按任意键可以恢复显示的，说明装置屏幕只是待机状态，不能恢复时等同于花屏处理；亮度不够时请致电厂家，在厂家指导下调整内部旋钮。

以上情况的出现都不影响装置正常运行，只影响人机交互。

（三）打印异常

1. 装置与打印机间通信线接触不良

（1）装置现象：打印键按下后装置报"找不到打印机"。

（2）处理建议：检查装置通信插件端子（号头一般为 PP-20/3/7）及通信线头是否松动；检查打印机是否掉电。

2. 打印机与装置参数中的打印波特率设置不匹配

（1）装置现象：打印出的字符是乱码。

（2）处理建议：打印机的波特率一般为 4800/9600/19200bit/s，尝试修改装置参数设置中的打印波特率定值，再次尝试。打印机的波特率查询办法因品牌而异，一般按住 3s 键不放，重启电源，随后根据打印出的内容提示进行操作。

（四）TV、TA 断线、频率电压异常

1. TV 断线

（1）装置现象：装置异常报某间隔 TV 断线；采样显示三相电压不平衡或均消失。

（2）处理建议：检查装置采样、使用万用表或其他设备确认回路是否有问题。如三相电压均消失，则需检查屏柜电压空气断路器未合上、回路相关压切装置是否异常。

2. TA 断线

（1）装置现象：装置异常报某间隔 TA 断线；装置采样显示三相电流不平衡。

（2）处理建议：检查装置采样、使用万用表或其他设备确认回路是否有问题，确认实际电流是否不平衡。特殊情况下，三相电流数值平衡，但 $3I$ 偏大也会报此异常。

3. 频率电压异常

（1）装置现象：装置异常，报频率电压异常；某些间隔电压消失．

（2）处理建议：由于某些间隔停运（未使用切换后电压）或电压空气断路器处于分闸位置造成某些用于频率电压重要判别的间隔无电压所致。上述条件恢复后，异常自然返回。

（五）对时异常

1. 对时回路接入但装置时间不正确，装置无告警

（1）装置现象：装置上显示的时间有误。

（2）处理建议：请检查对时设置（分、秒对时等），检查对时回路，检查对时装置时间是否正确。某些对时方式需要手动修改方能对上。

2. 装置报对时异常

（1）装置现象：装置在外部对时源输出异常时会告警，多出现于 B 码对时。

（2）处理建议：检查对时装置设置及时钟显示。

（六）与调度频率协控后台通信中断

（1）装置现象：频率协控后台不能正常接收到本站安稳数据。

（2）处理建议：核实本装置 IP 及相关参数是否改动，询问自动化部门数据网业务是否正常；观察通信插件上的网口指示灯是否点亮且闪烁、交换机指示灯是否正常（以上各指示灯常亮表示物理连接正常、闪烁表示正在交换数据），如以太网转换设备，请检查是否有红色异常灯点亮。检查所有环节上的通信线是否正常连接。此外，投入"投检修态"压板会导

致数据停止上送后台，故需核实此压板是否在退出状态。

（七）保护通道异常

（1）装置现象：装置异常、报某站通道告警、某接口告警。

（2）处理意见：

1）询问对侧厂站是否临时退出运行，是否退出通道压板。

2）与通信专业人员确认此通道是否有工作，是否中断。

3）查看本侧通信装置是否掉电。

思　考　题

1. 300MW 的发电机一般配置那些保护？

2. 主变压器单相接地短路后备保护如何配置？

3. 发电电动机差动保护动作可能发生的原因有哪些？

4. 电流互感器二次回路开路时有哪些现象？

5. 频率协控系统的作用是什么？

6. 当频率协控系统指示灯异常时，巡检人员应采取何种措施？

第三章 励磁系统

本章概述

本章的主要内容包括励磁系统的定义、励磁系统的组成、励磁相关的基本原理、励磁系统运检相关事项等部分。通过本章的学习，读者可以对励磁系统及其日常工作相关注意事项有较为全面的认识。

学习目标

学习目标	
知识目标	1. 能记住励磁系统术语定义、类型、结构与组成。 2. 能简述励磁系统作用、工作原理与运行方式。 3. 能识读励磁系统控制原理图，并能记住励磁系统各工况转换流程。 4. 能记住励磁系统典型故障处理原则。 5. 能简述励磁系统典型故障处理方法。 6. 能记住励磁系统主要反措要求。
技能目标	1. 能进行励磁系统巡视、监盘与操作。 2. 能进行励磁设备点检、定检、检修、试验工作。

第一节 励 磁 系 统 概 述

一、励磁系统术语定义、类型、结构与组成

（一）励磁系统的术语定义

1. 额定励磁电流

同步发电机运行在额定工况下的励磁电流。

2. 空载额定励磁电流

同步发电机运行在空载额定转速下，产生额定电压所需要的发电机励磁电流。

3. 额定励磁电压

同步发电机在连续额定负荷时的励磁电压。

4. 静止整流励磁系统

用静止晶闸管整流桥将交流电源整流成可调直流，供给同步发电机励磁电流的系统。它包括励磁调节器、晶闸管整流单元、起励、灭磁、保护、励磁变压器和仪表等。

5. 自动电压调节器（automatic voltage regulator，AVR）

实现发电机机端电压闭环控制的调节装置。

6. 励磁电流调节器（field current regulator，FCR）

实现发电机励磁电流闭环控制的调节装置。

7. 励磁系统顶值电流

在规定的强励时间内，励磁系统可输出的最大直流电流，也称顶值电流。

8. 励磁系统顶值电压

励磁变压器输入电压为额定，发电机工作在额定工况，励磁系统强励达到顶值电流时，励磁系统能够输出的最大励磁电压，也称顶值电压。

9. 顶值电流倍数

励磁系统顶值电流与额定励磁电流之比。

10. 顶值电压倍数

励磁系统顶值电压与额定励磁电压之比。对于励磁电源取自发电机机端的电动势源静止励磁系统，顶值电压倍数按 80% 的发电机额定电压计算。

11. 发电机电压调差率

在自动电压调节器调差单元投入、电压给定值固定、功率因数为零的情况下，无功电流变化所引起的发电机端电压的变化率，用任选两点无功功率值下的电压变化率除以两点的电流变化率的百分数来表示。

12. 调节时间

从给定阶跃信号到发电机端电压值和稳态值的偏差不超过稳态值的 $\pm 2\%$ 所经历的时间。

13. 超调量

阶跃响应中被控量的最大值与最终稳态值的偏差与阶跃量之比。

14. 振荡次数

被控量第一次达到被控值与最终稳态值之差的绝对值小于 2% 的最终稳态值时，被控量的波动周期次数。

15. 励磁系统电压响应时间

在励磁系统输出额定励磁电压时施加阶跃信号，从施加阶跃信号起至励磁电压达到顶值电压与额定励磁电压差的 95% 的时间。

16. 励磁系统标称响应（即响应比）

由励磁系统电压响应曲线（0.5s 内）确定的励磁电压增量与额定励磁电压的比值。

17. 均流系数

并联运行各支路电流平均值与支路最大电流之比。

18. 灭磁时间

从施加灭磁信号起，发电机励磁电流从空载额定励磁电流衰减到 10% 空载额定励磁电流的时间。

19. 电力系统稳定器（power system stabilizer，PSS）

励磁调节器通过一种附加控制功能，用以改善电力系统稳定性能的一个或一组单元，输入变量可以是转速、频率或功率（或多个变量的综合）。

（二）励磁系统的类型

根据励磁电源的不同类型，励磁系统可以分为直流励磁机系统、交流励磁机系统和静止励磁系统。

目前抽水蓄能机组普遍采用静止励磁系统。静止励磁系统取消了励磁机，采用大功率晶闸管作为换流器件，没有转动部分。

静止励磁系统由励磁变压器提供交流励磁电源，励磁变压器电源取自发电机出口或厂用电母线。励磁电源取自发电机出口的，称为自励方式。励磁电源取自厂用电母线的，称为他励方式。

对于自励方式，如果只用一台励磁变压器并联在机端，则称为自并励方式。如果除了并联的励磁变压器外，还有与发电机定子电流回路串联的励磁变压器，二者结合起来就构成自复励方式。

目前抽水蓄能机组普遍采用自并励方式。自并励方式的优点是设备和接线比较简单，由于无转动部分，具有较高的可靠性，造价低，励磁变压器放置自由，缩短了机组长度，励磁调节速度快。

（三）励磁系统的结构与组成

励磁系统通常由励磁调节器、励磁功率单元、励磁电源与灭磁单元等组成。其中，励磁电源部分包括励磁变压器及其低压侧交流断路器和直流起励电源回路等。自并励静止励磁系统拓扑图如图 3-1-1 所示。

1. 励磁调节器

励磁调节器的功能是通过检测机组运行状态的信息，产生相应的控制信号，以控制励磁功率单元的输出。

2. 励磁功率单元

励磁功率单元主要为发电电动机励磁绕组提供励磁电流，以建立转子磁场。励磁功率单元主要由晶闸管整流装置及其冷却单元组成。

晶闸管整流装置通常采用三相全控整流桥。为了保证足够的励磁电流，一般采用多个晶闸管整流桥并联运行，并联运行的支路数一般应按照不小于 $N+1$ 的模式冗余配置，当 1 个

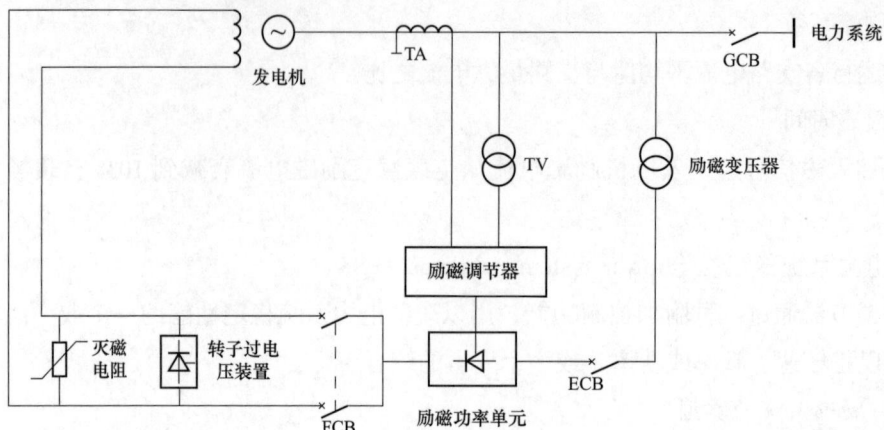

图 3-1-1　自并励静止励磁系统拓扑图

整流桥因故障退出运行时，其他 N 个整流桥的励磁电流输出能保证发电机所有工况的运行（包括强行励磁在内）。

励磁系统功率柜的冷却方式主要有强迫风冷、自然冷却、液体冷却、热管散热器等。抽蓄机组励磁系统功率柜通常采用强迫风冷冷却方式。强迫风冷的风机电源应为双电源配置，冷却风机故障时，应发出信号。

3. 励磁电源

励磁电源部分主要包括励磁变压器及其低压侧交流断路器、直流起励电源回路等。

励磁变压器一般作为励磁系统的主用电源，为励磁功率单元提供交流电源，整流为直流电源为发电电动机提供励磁电流。直流起励电源一般作为备用励磁电源，当励磁变压器失电时（如黑启动、线路充电等工况），直接将直流电源施加到发电电动机的转子绕组上，为发电机提供起励电源。

4. 灭磁单元

灭磁单元主要由磁场断路器、灭磁电阻和转子过电压保护装置组成。

（1）磁场断路器：在任何需要灭磁的工况下包括误强励工况时，可靠灭磁。正常停机时采用逆变灭磁方式。事故停机时，采用跳磁场断路器并投灭磁电阻灭磁。

（2）常用的灭磁电阻有碳化硅非线性电阻、氧化锌非线性电阻等。灭磁电阻可以是线性电阻、非线性电阻，也可以是线性电阻和非线性电阻的组合。

（3）转子过电压保护通常由跨接器和非线性电阻共同作用实现。转子过电压保护以吸收转子瞬时过电压为目的，动作后能自动复归，一般不使发电机跳闸，但应发出信号。

二、励磁系统工作原理

（一）励磁系统的作用

励磁系统是同步发电机稳定运行的重要组成部分，其功能是通过调整励磁电流来维持发电机和系统电压稳定，满足发电机正常发电的需要，同时合理分配并列运行机组间无功，提高电力系统的静态、暂态、动态稳定性，提高继电保护动作的灵敏度，抽蓄机组励磁系统还兼有水泵工况起动时提供转子磁场的作用。

1. 维持发电机和系统电压稳定

当机端电压发生变化时，可以通过励磁系统增、减励磁电流，使机端电压维持在一定水平，满足电力系统电压稳定性的需求。

同步发电机空载运行时，其向量图如图 3-1-2 所示。图 3-1-2 中 E 为空载感应电动势、U 为机端电压、Φ 为转子磁通、F 为转子磁动势，感应电动势滞后磁通向量相位的电角度为 90°。

机端电压与空载电动势向量重合，其大小取决于转子磁通的大小；而转子磁通的大小取决于励磁电流的大小。励磁电流越大，转子磁通越大，相同转速下定子绕组中的感应电动势（或机端电压）越高。

同步发电机负载运行时，其向量图如图 3-1-3 所示。图中 E 为内电动势、U 为机端电压、I 为定子电流、X_d 同步电抗、δ 为内功角、φ 为功率因数角、ψ 为内功率因数角，j 表示相位超前 90°。

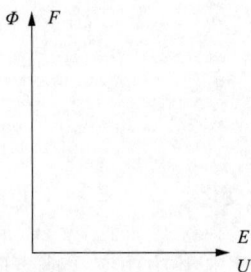

图 3-1-2 同步发电机
空载运行向量

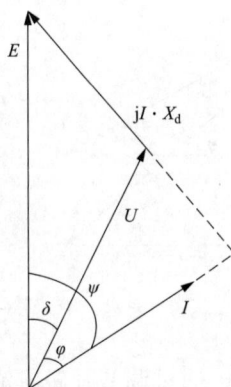

图 3-1-3 同步发电机
负载运行向量

同步发电机负载运行时，机端电压的大小取决于定子绕组中负荷电流产生的电枢磁场和转子磁场组成的合成磁场的大小。

为了维持 U 不变，随着负荷变动，需补偿电枢反应引起的合成磁场的变化，即需调节励磁电流 I_f 来调整转子磁场的大小，从而调整电动势 E。故在发电机负载运行中，随着发电机负荷电流变化，发电机的端电压也将随之变化，要使发电机的机端电压维持在给定水平，需要通过励磁装置的调节作用，自动增加或减少励磁电流。

2. 合理分配并列运行机组间无功功率

发电机并网后，可认为机端电压是恒定不变的，不随负荷变化，有功功率只受调速器控制，与励磁电流大小无关。当励磁电流 I_f 增大时，电动势 E 增大为 E_1，定子无功电流 I_Q 增大为 I_{Q1}；反之亦然，电气量向量变化如图 3-1-4 所示。因此，发电机并网后调节励磁电流只是改变了无功功率和功率因数角。励磁电流过小将使发电机从电网中吸收无功功率。

同步发电机负载运行时，通过增加励磁电流，使励磁电流超过正常励磁状态励磁电流（定子电流 I 与电压 U 同相位，即功率因数为 1 的运行状态），定子电流滞后于电压，如图 3-1-4 中的 I_Q 和 I_{Q1}，即发电机除输出有功功率外，还将输出感性无功功率，此时同步发电机的运行状态称为过励磁，也称滞相运行；若减少励磁电流，使励磁电流小于正常励磁状态励磁电流，使定子电流超前于电压，图 3-1-4 中的 I_{Q2}，即发电机输出除有功功率外，还有容性无功功率，即从电网吸收无功功率，此时发电机运行状态称欠励磁，也称进相运行。

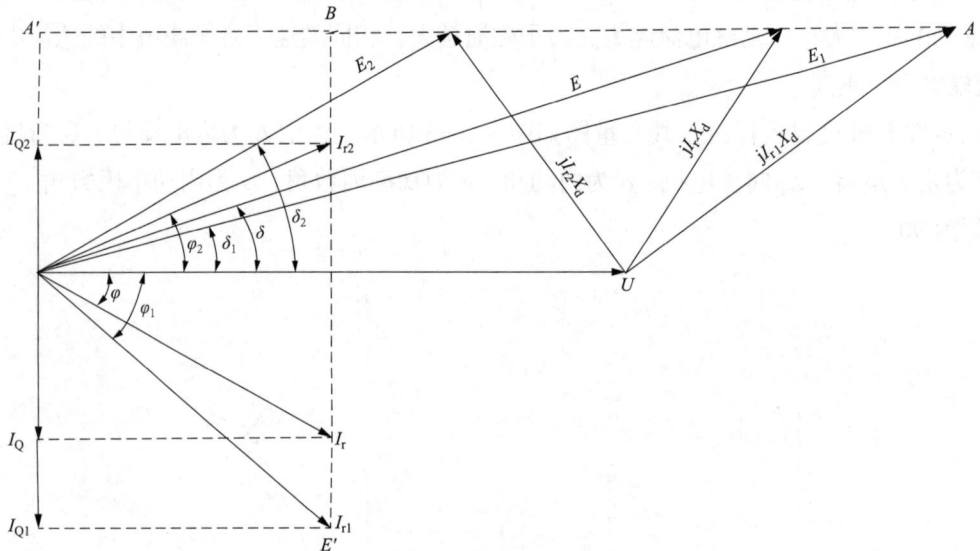

图 3-1-4 电气量向量变化

发电机并网后，通过调节励磁电流，使发电机组发出无功功率，或者吸收无功功率，为保证电网系统电压质量和无功潮流的合理分布，要求合理分配系统中并联运行发电机输出的无功功率。并联运行机组按其调差率大小能够合理分配无功功率。发电电动机调差特性分为无调差、负调差和正调差。

若发电机是单元式接线，即它们是通过升压变压器在高压母线上并联，则要求发电机有负调差，负调差的作用是部分补偿无功电流在升压变压器上形成的压降，从而使电厂高压母线电压更加稳定。

3. 提高电力系统的稳定性

电力系统稳定性是指电力系统受到干扰后保持稳定状态运行的能力，可分为静态稳定、暂态稳定和动态稳定三类。

（1）提高静态稳定能力。静态稳定是指电力系统受到小干扰后自动恢复到原运行状态的能力。

若发电机内电动势 E_q 恒定，则发电机的有功功率 P 将随功角 δ 变化。通常将功率因数角 δ 作为发电机是否静态稳定的判据，当 $\delta < 90°$ 时，发电机是稳定的；当 $\delta > 90°$ 时，发电机是不稳定的，而 $\delta = 90°$ 为稳定极限角。采用自动励磁调节后，可使发电机运行允许的最大稳定极限角 $\delta_{max} > 90°$，静态稳定运行的最大电磁功率和最大功率角都有所提高，即提高了电力系统静态稳定能力。

（2）提高暂态稳定能力。暂态稳定是指电力系统受到大干扰后系统快速恢复原运行状态或过渡到新稳定状态的能力。

提高暂态稳定性有两种方法，一是加快故障切除时间（主要由继电保护装置实现），二是提高励磁系统的强行励磁能力。提高励磁电压强励倍数与励磁电压响应比（即标称响应）是提高励磁系统强励性能的主要手段。

（3）提高动态稳定能力。动态稳定是指电力系统受到小干扰或大干扰后，在自动装置调节和控制作用下持续保持稳定运行的能力。

提高动态稳定能力可以理解为解决电力系统机电振荡的阻尼问题。电力系统固有自然阻尼小，而快速励磁调节器或使用自并励晶闸管快速励磁系统又削弱了系统阻尼，甚至产生了负阻尼。为了抑制负阻尼产生的低频振荡，在励磁系统中加入电力系统稳定器（PSS）功能来提高电力系统的动态稳定性。

4. 提高继电保护动作的灵敏度

当电力系统发生短路时，发电机短路电流衰减较快，可能使发电机后备保护无法动作。此时由于励磁系统的快速强励作用，能抑制发电机短路电流的衰减，从而使继电保护装置动作的灵敏度得到提高。

5. 为水泵工况启动提供转子磁场

抽蓄机组在抽水工况启动过程中，励磁系统为机组提供拖动过程所需的转子磁场。

（二）励磁系统的工作原理

抽蓄机组多采用自并励静止励磁系统，故本小节主要介绍自并励励磁系统工作原理。自并励静止励磁系统如图 3-1-5 所示，其主要由励磁变压器、同步变压器、励磁调节器、晶闸管整流单元和灭磁及过电压保护单元、起励磁装置电源回路组成。

1. 三相全控桥式整流电路

抽蓄机组励磁系统晶闸管整流单元采用三相全控桥整流。三相全控桥整流回路主要作用是将从励磁变压器获得的交流电整流为直流电，供给发电机转子绕组，同时还可以将转子磁场中的能量经过全控桥逆变反馈给交流电源。三相全控桥整流回路如图 3-1-6 所示，该回路可看成三相半波共阴极接法（VT1、VT3、VT5）和三相半波共阳极接法（VT4、VT6、VT2）的串联组合。

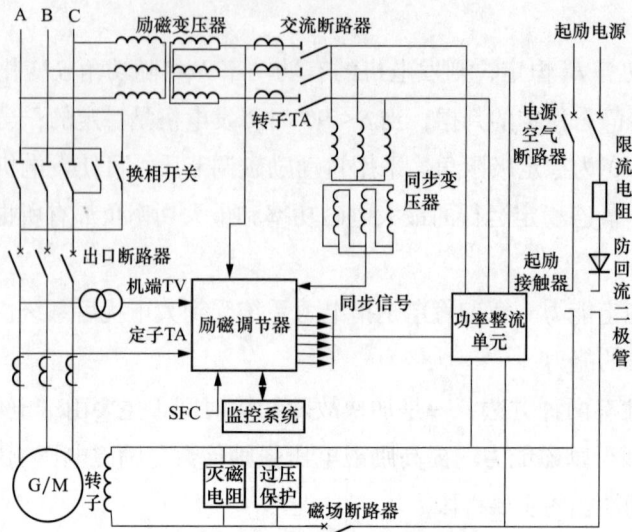

图 3-1-5 自并励静止励磁系统

发电电动机转子为感性负载，根据三相全控桥整流回路工作原理，以及最小触发角和最小逆变角的关系：晶闸管触发角为 10°～90° 时为整流状态，产生正向电压和正向电流，将交流电转变为直流；晶闸管触发角为 90°～150° 时为逆变状态，产生负向电压和正向电流，将直流电转变为交流。

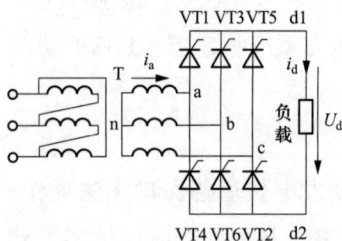

图 3-1-6 三相全控桥整流回路

三相全控桥整流波形如图 3-1-7 所示，图中为触发角 30° 整流波形。其中 I_d 为负载电流，U_d 为负载电压，I_a 为交流电源侧 A 相电流。

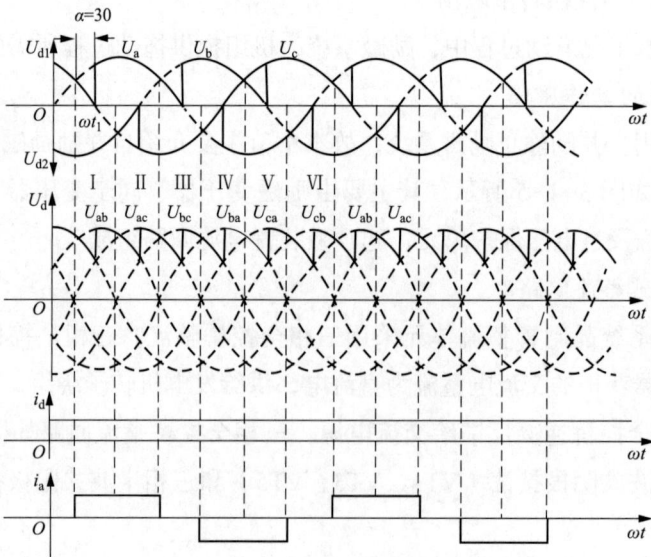

图 3-1-7 三相全控桥整流波形

2. 灭磁

灭磁的作用是当发动机内部或外部发送如短路、接地等故障时，通过迅速切断发电机励磁回路电流，将存储在转子绕组中的磁场能量快速消耗在灭磁回路中。

灭磁单元有如下要求：灭磁时间应尽可能短，灭磁过电压不能超过转子过电压值，磁场断路器应有足够的分段发电机转子电流能力，灭磁电阻要有足够容量，灭磁装置回路及结构应简单可靠。

灭磁方式主要有逆变灭磁和分磁场断路器＋灭磁电阻移能灭磁。

（1）逆变灭磁。三相全控整流励磁的发电机正常停机时，主要采用逆变灭磁，由励磁调节器给晶闸管整流桥输出触发角大于 90° 的触发脉冲，使整流桥由整流状态切换为逆变状态，将转子回路中存储的磁场能量快速反送到整流器交流侧。

（2）分磁场断路器＋灭磁电阻移能灭磁。分磁场断路器灭磁通过将励磁电压与电机转子回路断开，并利用磁场断路器分断过程在断口产生电弧电压将存储在转子回路中的磁场能量转移到灭磁电阻消耗掉。该过程分两阶段，具体如下：

1）第一阶段：在磁场断路器分闸时，断口产生电弧从而产生电弧电压，电弧电压与整流单元输出电压叠加后加在灭磁电阻两端。

2）第二阶段：当磁场断路器分开产生的电弧电压升高，使灭磁电阻两端电压大于灭磁电阻的转折电压后，灭磁电阻回路导通，转子回路与灭磁电阻构成回路，通过灭磁电阻及转子绕组将磁场能量消耗掉。

3. 励磁调节器

励磁调节器是励磁系统的核心控制器，具备逻辑控制、数据采样、脉冲生成、输入输出信号等功能。控制器通过对采集的信号与给定值进行比较计算后，通过改变触发脉冲的控制角，达到调节励磁电流和机端电压的目的。大型发电电动机组的励磁调节器一般配置两套独立的调节通道，两套调节器互为备用，相互自动跟踪。励磁调节器应具备电压闭环、电流闭环，以及 PSS、保护限制器等功能。

（1）电压闭环调节功能。电压闭环方式是励磁系统最常用的励磁控制方式，也称自动方式。抽蓄机组励磁主用调节器在发电工况和电动机工况均工作于电压闭环。

电压闭环以发电机机端电压为调节控制量，调节目的是维持发电机机端电压与电压设定值（即目标值）一致。电压目标值由增、减磁令及辅助控制环节进行增加、减少。辅助控制环节包括各种保护限制器及 PSS 功能。

电压闭环调节通常按偏差进行 PID 调节，电压闭环框图如图 3-1-8 所示，其中 U_{gref} 为机端电压参考值（即目标值），U_g 为机端电压实测值，e 为差值运算输出偏差量，K_p 为比例环节放大倍数，K_i 为积分环节参数，K_d 为微分环节参数，U_k 为电压闭环输出调控量，该输出量被限制在一定的高低限范围内。

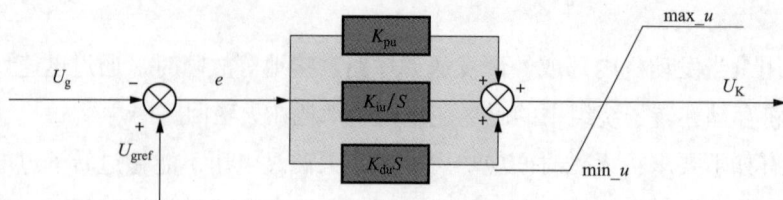

图 3-1-8 电压闭环框图

当机端电压高于电压目标值时,电压闭环差值运算输出量为负值,电压闭环 PID 环节输出调控量也为负值,应减小励磁电流,使发电机机端电压回到目标值(包含一定的调节死区范围);反之,当机端电压低于电压目标值时,电压闭环 PID 环节输出调控量也为正值,应增大励磁电流,使发电机机端电压逼近目标值。

(2)电流闭环调节功能。电流闭环方式又称手动方式,抽水蓄能机组励磁调节器在背靠背启动工况、SFC 拖动工况、电制动工况以及调节器为备用通道时均为电流闭环,在励磁试验模式、电压闭环故障或转子电流相关限制动作时也将自动切换为电流闭环。电流闭环框图如图 3-1-9 所示。

电流闭环以发电机励磁电流为调节控制量,调节目的是维持发电机励磁电流与电流设定值(即目标值)一致。电流设定值主要由增、减磁令及各种转子电流限制进行增加、减少。

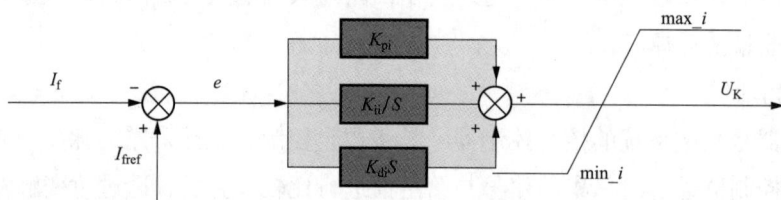

图 3-1-9 电流闭环框图

(3)开环手动调节功能。开环手动方式又称定角度方式,主要用于发电机短路试验、空载升压试验或励磁小电流试验。开环手动方式以整流桥触发角为调节控制量,励磁调节器输出固定的触发角,触发角设定值由手动增、减磁令进行增加、减少。

(4)电力系统稳定器。随着电力系统的快速发展,电网规模越来越大,加上快速励磁系统的大量应用,电网阻尼越来越弱,使电力系统出现低频功率振荡的概率越来越大,电力系统稳定器(PSS)就是为此设计的一种增加系统阻尼的励磁控制功能。它通过引入发电机功率,将机组转速或机端电压、频率作为附加励磁控制信号,经过超前滞后校正产生一个与 $\Delta\omega$ 近似同相的附加转矩,从而抑制电网低频振荡。PSS 输出将作用在调节器电压闭环机端电压目标值上。

(5)调差功能。励磁调节器通过调差设置实现无功功率补偿功能,通过将发电机电压给定值减去一个与稳态无功功率成正比的信号,比例系数为调差系数,保证两台或多台并联发电机组间无功功率合理分配。调差输出将作用在调节器电压闭环机端电压实际值上。

（6）励磁调节器控制结构。励磁调节器通常配置包含冗余配置的两个通道，每一个通道的调节器包含电压闭环和电流闭环，两个通道相互自动跟踪，保证两个通道平稳切换。

以电压闭环和电流闭环并联控制结构的励磁调节器为例，励磁调节器以电压闭环为主，在电压给定综合点处还附加有其他给定输入，包括调差输出、伏/赫兹限制输出、PSS 输出等。实际电压与设定值的偏差经过 PID 环节算出控制信号 U_k，U_k 与过励磁限制器输出、欠励磁限制器输出等经过比较后进入输出选择器。调节器根据机组不同的运行工况、运行方式或相关限制器动作情况，通过输出选择器选择电压闭环调节输出、电流闭环调节输出或者手动调节输出，选择后的控制信号 U_k 经过反余弦环节计算产生晶闸管触发控制角，控制角送至移相触发单元后经过处理形成触发脉冲。电流闭环也有自己的 PID 环节，并实时跟踪电压闭环以保证两种控制模式平稳切换。

励磁调节器控制模型中主要由 PID 环节、各种限制器和校正环节组成，其中 PID 控制是实现励磁调节和稳定控制最主要的环节。

PID 控制即比例、积分、微分控制，是控制系统中技术最成熟、应用最广泛的一种控制规律。励磁调节器中比例环节按电压偏差大小成比例改变触发角大小，从而改变励磁电流；积分环节根据电压偏差积分调节励磁电流，目的是消除比例调节的偏差，使被调量慢慢逼近目标值；微分环节能根据电压变化趋势进行快速调节，减少超调量，缩短调节时间，改善系统的动态品质。

不同励磁厂家各控制环选择不同的 PID 模型，主要分为并联 PID 和串联 PID。

（7）限制器。励磁系统除了配置有 PSS、调差环节，为避免发电电动机或励磁系统出现异常导致保护动作引起事故停机还配置了多种励磁限制器，主要有欠励磁限制器、过无功限制器、强励磁反时限限制器和伏/赫兹（V/Hz）限制器等。图 3-1-10 给出了凸极同步发电机功率及运行限制曲线。

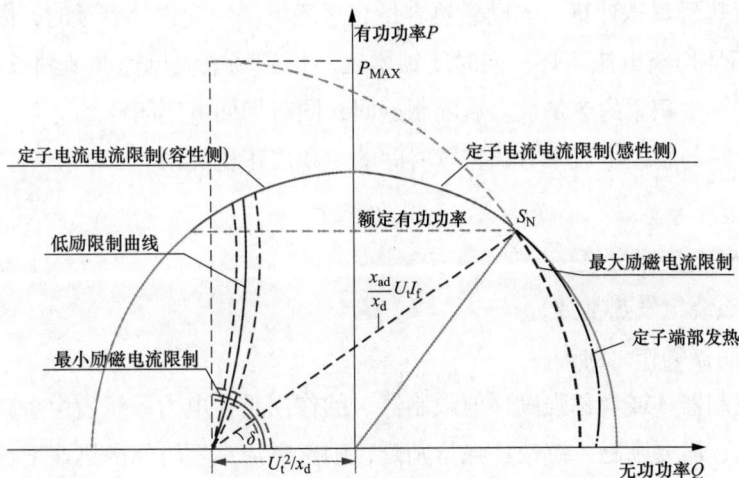

图 3-1-10　凸极同步发电机功率及运行限制曲线

发电电动机的工作特性曲线以 $P-Q$ 作为坐标系分为 4 个象限，因此抽水蓄能机组有 4 种典型的稳定运行方式，即发电滞相、发电进相、电动滞相和电动进相，同步发电电动机功率四象限运行图如图 3-1-11 所示。

根据凸极同步发电机功率及各工况运行限值，通过在励磁调节器内部设定了 $P-Q$ 限制曲线防止发电机进入不稳定运行区域，$P-Q$ 限制曲线可用直线或折线进行设置。如对发电工况采用 5 点折线，用 5 个无功功率值对应 5 个有功功率水平来设定限制曲线；对电动工况采用两点折线，用两个无功功率值对应两个有功功率水平来设定限制曲线。

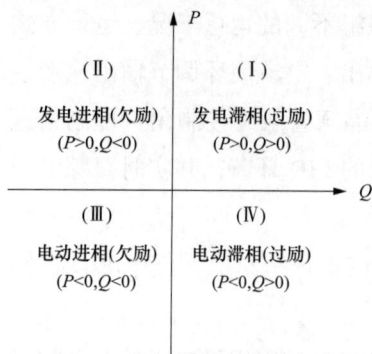

图 3-1-11 同步发电电动机功率
四象限运行图

1）欠励磁限制器。当发电电动机处于进相运行时，为防止因励磁电流过小引起机组失步，或因进相过深引起定子端部过热，励磁调节器配置了欠励磁限制器。若容性无功功率超过限制值，立即启动欠励磁限制调节功能，同时闭锁减磁；由无功功率闭环输出增磁调节量，将其加至电压闭环的电压参考值上，通过增磁调节以使无功功率快速回到限制范围内。

2）过无功限制器。当发电电动机处于滞相运行时，为防止定子绕组、定子铁芯端部、转子绕组等部件过热，励磁调节器配置了过无功限制器。若无功功率超过限制值，延时后启动过无功限制，同时闭锁增磁；由无功功率闭环输出减磁调节量，将其加至电压闭环的电压参考值上，通过减磁调节以使无功功率快速回到限制范围内。

3）强励限制器。强励限制包含反时限强励限制和瞬时强励限制。反时限强励限制器是指励磁电流超过额定励磁电流且小于强励顶值电流时，按反时限规律计算转子等效发热，进而限制励磁电流的限制器，防止长时过热导致损坏发电电动机励磁绕组。

励磁装置检测发电电动机励磁电流，当励磁电流超过强励反时限启动值时，励磁装置根据励磁电流进行热量累积计算，当励磁热容量超过磁场绕组允许热容量时，限制器动作，励磁系统由电压闭环切至电流闭环，同时闭锁增磁。将磁场电流迅速调节到长期允许运行值，当强励过程在转子中积累的热量散去后限制返回，同时切回电压闭环。

励磁绕组发热与励磁电流平方和持续时间的乘积成正比关系。

$$(I_\mathrm{f}^2 - 1)t = C \qquad (3-1-1)$$

式中：I_f——励磁电流标幺值；

C——励磁绕组发热常数；

t——限制器动作延时。

瞬时强励限制器（或者称强励顶值限制器）的作用是在电力系统发生短路故障时，发电机机端电压降低，需要励磁系统快速强行励磁，励磁电流在短时间内迅速增长，使发电机内电动势迅速增大，以避免发电机失步，保持电力系统稳定。

4）伏/赫兹（V/Hz）限制器。发电机空载或并网运行时，为了防止伏/赫兹（V/Hz）比值过大导致发电机或主变压器过激磁和过热，励磁调节器配置了伏/赫兹限制器。当伏/赫兹比值超出限制值时，调节器自动按照机端电压与频率标幺比值超出限制值的偏差值大小进行减磁调节，以使该值回到正常范围内。伏/赫兹限制器的动作特性通常也有定时限和反时限两种。

若发电机空载运行且频率低于整定值时（如45Hz），当伏/赫兹比值超出限值，励磁系统应逆变灭磁，同时出口机组紧急事故停机。

除上述4种主要的限制器外，励磁系统还可以配置功率柜限制器、最小励磁电流限制器等限制功能。

4. 同步电压信号及触发脉冲

晶闸管整流回路中对晶闸管进行导通控制时，晶闸管上所加的电压（即阳极电压）及其门极上所加的触发脉冲在相位上必须配合一致，否则晶闸管将无法正常工作，这种配合称为同步。励磁系统通常采用专用的同步变压器进行同步电压采样，然后送至调节器。

调节器处理后的同步信号通常为宽度180°的6个方波，各以对应电压相位的自然换相点为起始点。同步信号与晶闸管对应关系如图3-1-12所示，图中为三相全控整流桥各桥臂与同步信号的对应关系。其中，1号桥臂的触发相位（或称触发参考时机）对应于自然换相点a，此处正好对应于线电压U_{ac}相位的0°，故1号桥臂相位参考用的同步信号为U_{ac}，其他以此类推。

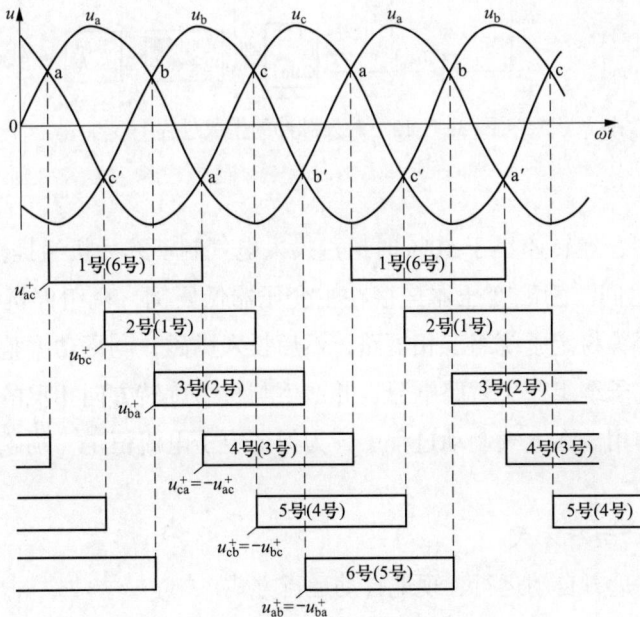

图3-1-12 同步信号与晶闸管对应关系

励磁调节器计算出触发角 α 后将其折算为时间延迟 Y，然后将该时间延迟送至移相触发单元。移相触发单元在同步信号到来时，即在自然换相点到来时（方波上升沿）开始计时，经过时间延迟 Y 后移相触发单元发出触发脉冲，触发脉冲经过光电隔离、功率放大后触发相应晶闸管，触发脉冲的生成过程如图 3-1-13 所示。

触发脉冲可采用 120° 宽脉冲或者双窄脉冲。宽脉冲可保证整流桥换相时前序桥臂晶闸管可靠续流导通，该脉冲方式要求脉冲电源功率较大，较少被选用。对于双窄脉冲，在向某一桥臂发送触发脉冲的同时，向前序桥臂的晶闸管补送一个脉冲，以保证换相的可靠性，同时有功耗低的优点，故被普遍选用。

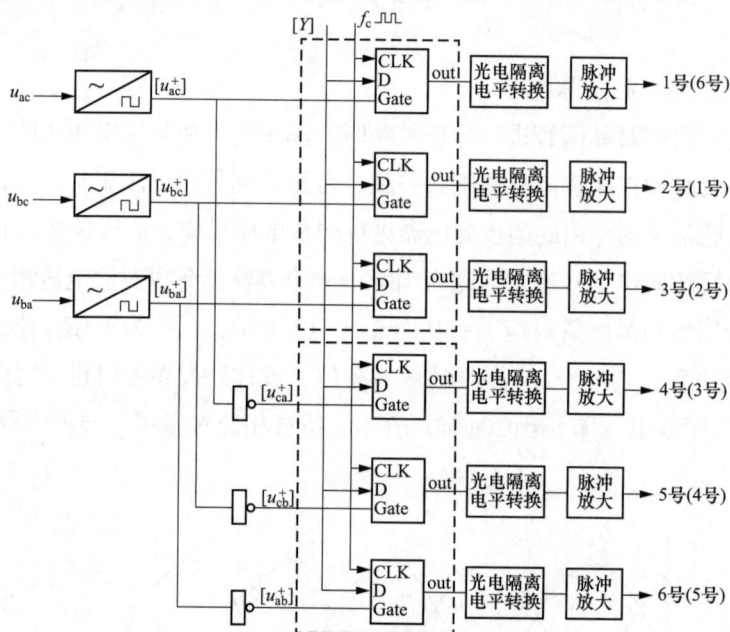

图 3-1-13 触发脉冲的生成过程

5. 电气制动

机组停机过程中，在转速小于 50% 时通过投入电气制动，为机组提供较大的制动转矩，有效缩短机组停机时间。励磁变压器连接在主变压器低压侧，机组停机需要投入电气制动时，合上电气制动开关将定子绕组三相短路，然后投入励磁，利用功率整流单元提供制动所需的励磁电流，使定子绕组产生短路电流，并产生与机组旋转方向相反的制动电磁力矩，从而起到快速停机的作用。在电气制动过程中，为保证定子电流恒定，励磁调节器采用电流闭环进行调节。

（三）励磁系统的运行方式

励磁系统应具备远方自动运行、现地自动运行方式。

（1）远方自动模式。正常运行时，励磁控制方式应选择为"远方自动"方式，同时励磁系统处于热备用状态，励磁交流断路器处于合闸状态，控制流程处于等待状态。

机组启动时（以发电工况启动为例），励磁系统接收计算机监控系统下发的模式令，由励磁流程合上灭磁开关，连通励磁系统与转子回路；然后接收监控系统下发的建压令，励磁调节器根据不同工况模式选择电压闭环或电流闭环运行，输出所需的励磁电流，进入空载状态。

机组并网后，励磁调节器进入负载状态，以电压闭环运行，自动完成机端电压或无功功率的调节，以及其他辅助调节。

机组正常停机时，励磁调节器检测到 GCB 合闸信号复归即进入空载状态；接收监控系统下发的逆变令，先进行逆变灭磁，然后分开灭磁开关，并复归相应模式，回到等待状态。

（2）现地自动方式。现地自动方式用于发电机零起升压、短路试验或励磁小电流试验，可以选择调节器开环手动方式即定角度方式，也可通过改变设定值在电流闭环或电压闭环的基础上进行所需的励磁电流调节。现地自动方式由运维人员或调试工程师通过现地建压、增磁、减磁、逆变等按钮，将发电机电压稳定到试验需求值。

第二节　励磁装置运检

一、励磁系统巡视

（一）励磁调节器柜检查
（1）励磁调节器运行正常，无异常报警，各指示灯指示正确。

（2）励磁调节器工控机运行正常，画面显示正常。

（3）PSS 选择开关在"投入"位置，控制方式在"远方"位置，调节器 A/B 套置主开关在"自动"位置，各功率柜脉冲投切开关均在"投入"位置。

（4）各电源开关均合上。

（5）各继电器无抖动、过热现象。

（6）柜内设备清洁无尘，防火封堵完整，设备元器件外观完好。

（二）励磁整流柜检查
（1）晶闸管指示灯亮。

（2）温度、电流等表计指示正常。

（3）各柜门关闭严密且锁上，柜内无异声，无过热。

（4）各柜通风护网无灰尘堵塞，通风良好。

（三）磁场断路器柜检查
（1）励磁电流、励磁电压等表计指示正常。

（2）磁场断路器位置指示正确。

（3）磁场断路器分/合操作旋钮及其保护罩完好。

（4）柜门关闭严密且锁上，柜内无异声，无过热。

（四）励磁灭磁或起励柜检查

（1）各电源开关均合上。

（2）各继电器/接触器无抖动、过热现象。

（3）柜内设备清洁无尘，防火封堵完整，设备元器件外观完好。

（五）励磁变压器检查

（1）变压器无异常振动和异常声响。

（2）变压器温控装置显示正常。

（3）变压器外壳接地紧固完整。

（4）周围环境干净，各部无杂物遗留。

（六）励磁交流开关柜检查

（1）励磁交流断路器位置指示正确，运行指示灯指示正确。

（2）控制开关位置正确，正常时在"远方"位置。

二、励磁系统操作

（一）调节器主备用通道切换

机组运行时如需检查发电机励磁调节器双通道的切换过程中励磁电流的波动和机端电压变化的情况，或检验相互跟踪情况，检验其是否可快速正确跟踪并能实现无扰切换，则可在励磁调节器上进行通道切换。

通道切换时需要的注意是，如调节器运行过程中，需要人工切换运行通道，为保证切换不会引起电压波动或失控，需观察人机界面主画面显示的各通道控制信号，只有在当前的运行通道和要切换的通道的控制信号基本一致时，才允许切换。

（二）增、减磁操作

励磁调节器的增磁、减磁操作可在就地近控方式或远方远控方式进行。增磁、减磁操作的本质是直接改变调节器的给定值，即在自动方式下改变机端电压给定值，在手动方式下改变励磁电流给定值。通过调节器闭环调节，随着给定值增大或减小，机端电压或励磁电流随之增大或减小。

增磁、减磁的具体操作方法：在调节器操作面板上操作"增磁""减磁"按钮，调节器给定值的调整是通过计算机读取外部的增磁、减磁触点的闭合情况进行的，触点闭合的时间越长，调整量就越大。随着给定值增大或减小，通过调节器闭环调节，机端电压或励磁电流随之增大或减小。也可通过微机监控系统直接设置无功给定值进行远方调控增、减磁。

如励磁系统出现V/F限制、过励磁限制或强励磁限制等，将闭锁增磁操作；相应的，如出现欠励磁限制或低励磁电流限制，则不允许减磁操作。

三、励磁系统日常维护

（一）励磁系统的点检

（1）在日常巡检的基础上，还应对励磁系统进行更为细致的点检工作，点检原则上每周进行 1～2 次。

（2）点检中需要在停机状态下对励磁系统一次设备及二次控制回路进行检查，主要包括：连接铜排有无烧蚀痕迹，螺栓有无松动，标记点情况是否清楚，绝缘子外观是否正常、有无裂痕，晶闸管外观检查有无异常，磁场断路器及其操动机构外观检查有无异常，阻容保护元件外观有无异常，端子排上端子接线有无脱落等。在机组运行过程中，需要对励磁系统相关的性能参数进行检查，主要包括励磁盘柜表计显示是否正常，显示屏中有无报警信息，电压、电流等显示值与实际值是否一致，检查风扇启动是否正常，有无异味等。

（3）励磁系统点检项目见表 3-2-1。

表 3-2-1　　　　　　　　　　励 磁 系 统 点 检 项 目

序号	项目	类别	周期	质量标准
1	磁场断路器和低压交流断路器检查	点检	1周	（1）磁场断路器外观检查无损伤，无断裂，清洁无尘； （2）低压交流断路器外观检查无损伤，无断裂，清洁无尘
2	整流功率柜检查	点检	1周	（1）功率柜上的表计显示正常； （2）功率柜内外清洁，端子紧固，内部器件无破损、过热等异常现象； （3）功率柜风扇及其冷却系统工作正常，无异常声音
3	励磁盘调节器检查	点检	1周	（1）励磁控制柜上的表计显示正常； （2）励磁调节器上信号显示正常； （3）励磁调节器外观检查正常； （4）励磁调节器运行参数检查正确
4	起励、灭磁及过电压保护检查	点检	1周	（1）转子过电压保护及灭磁装置外观检查无异常； （2）灭磁电阻表面清洁无灰尘，无过热迹象

（二）励磁系统的定检

定期检查主要是在设备退出备用下，对设备进行全面细致的检查维护，特别是完成在设备不退备情况下无法进行的维护保养工作项目，包括励磁滤网清扫、磁极倒极、软件内部模拟量输入信号检查等。定期检查的周期一般为每月 1～2 次。

定期检查会对励磁系统进行较为系统的检查，主要是对一次设备进行外观检查，包括磁场断路器和励磁变压器低压侧断路器的检查，铜排、螺栓、绝缘子等外观检查，检查盘柜的防火封堵是否完好，检查端子排的松紧度，清扫盘柜及滤网等。

励磁系统定检项目见表 3-2-2。

表 3-2-2　　　　　　　　　　　励 磁 系 统 定 检 项 目

序号	项目	类别	周期	质量标准
1	磁场断路器和低压交流断路器检查	定检	1月	（1）磁场断路器外观检查无损伤，无断裂，清洁无尘； （2）低压交流断路器外观检查无损伤，无断裂，清洁无尘； （3）磁场断路器连接铜排无发热迹象； （4）磁场断路器灭弧栅检查无异常； （5）每月进行一次封堵的检查维护
2	整流功率柜检查	定检	1月	（1）功率柜上的表计显示正常； （2）功率柜内外清洁，端子紧固，内部器件无破损、过热等异常现象； （3）功率柜风扇及其冷却系统工作正常，无异常声音； （4）功率柜连接铜排连接情况良好，无过热迹象； （5）每月进行一次封堵的检查维护
3	励磁盘调节器检查	定检	1月	（1）励磁调节器上的表计显示正常； （2）励磁调节器上信号显示正常； （3）励磁调节器外观检查无异常； （4）励磁调节器运行参数正确； （5）控制箱和二次端子箱和机构箱内外清洁，端子紧固
4	起励、灭磁及过电压保护检查	定检	1月	（1）转子过电压保护及灭磁装置外观检查无异常； （2）灭磁电阻表面清洁无灰尘，无过热迹象
5	风扇滤网清扫、更换	定检	1月	清扫风扇滤网，根据运行环境及时更换

（三）励磁系统的日常消缺

励磁系统在运行过程中，由于元器件故障、端子松动或程序故障等原因造成励磁系统出现异常报警或无法运行，此时需要对励磁系统进行消缺工作，以保障机组的正常运行。下面介绍几种常见类型的缺陷和消缺思路。

1. 励磁盘内空气断路器跳闸报警

励磁盘内空气断路器跳闸后，励磁调节器会发出相应的报警信息至监控系统，提醒运维人员励磁系统的异常现象。一般来说，出现空气断路器跳闸报警时，应检查励磁盘柜内所有空气断路器的状态，并分析空气断路器跳闸的原因，最大的可能是过电流跳闸，但不排除有其他原因。

2. 励磁风扇报警

当励磁盘发生风扇报警时，监控系统及励磁控制柜上会显示相应的报警信息，此时备用风扇应启动。造成励磁风扇报警的可能原因有主用风扇本体故障、一次回路故障、二次控制回路故障、环境问题等，因此在消缺时，应检查风扇本体有无故障，检查风扇变压器、风扇接触器等一次回路的完好性，排查二次控制回路是否出现故障，导致风扇启动令未能正确执行，还应检查风压压差开关是否故障、盘柜密闭情况、滤网清洁度等其他可能造成风扇报警的因素。

3. 励磁盘直流电源故障

一般情况下，励磁系统的控制电源由电站的直流系统提供，一般为 110V DC 或 220V DC，也可根据元器件的电压等级进行 DC/DC 变换，将直流电源变换为 48V DC 或 24V DC。当励磁系统出现直流电源故障时，首先应判断是柜内故障还是柜外故障，若是柜内故障，一般故障点为直流变换器故障或相关的直流电源空气断路器跳闸，因此需检查柜内直流空气断路器的状态，并检查直流变换器是否正常。

4. 励磁变压器绕组温度高报警

励磁变压器绕组应设有温度监视装置，当温度高时应发出报警信息。当出现励磁变压器绕组温度高报警时，励磁变压器高/低压侧电流会升高，造成励磁变压器绕组温度升高的原因有励磁变压器过负荷、励磁变压器内部故障、励磁变压器冷却不足、励磁变压器温控装置误报警等。因此，出现报警时要检查励磁变压器的运行情况，确认无火情发生；可根据具体情况减少转子电流（降低或转移机组负荷），观察励磁变压器绕组温度变化；可降低励磁变压器周围环境温度以加快散热。

5. 磁场断路器故障

磁场断路器是励磁系统的重要组成部分，当发生磁场断路器故障时，应立即进行排查。磁场断路器故障的可能原因有本体故障、操动机构故障、控制回路故障、开关位置显示回路故障等。当出现故障报警时，应停下励磁系统，对磁场断路器及其操动机构进行详细的检查，如操作连杆、连接螺栓、触头、弹簧等，排查本体故障点，然后对磁场断路器的控制回路和信号回路进行检查。

四、励磁系统检修

（一）励磁系统的检修等级与周期

为保证励磁系统的正常运行，应对励磁系统进行检修，以便及早发现缺陷，及早处理。励磁系统的检修包括 A、B、C、D 级检修。

励磁系统 D 级检修项目的主要内容是针对性地消除设备和系统的缺陷。D 级检修的周期一般为每年 1～2 次。

励磁系统 C 级检修主要是对设备进行重点清扫、检查和处理易损、易磨部件，必要时进行实测和试验；按技术监督规定开展检查和预防性试验项目以及制造厂要求的项目。C 级检修的周期一般为每年 1 次。

励磁系统 B 级检修主要针对设备存在的问题，对励磁系统进行检查与修理；按技术监督规定开展检查和预防性试验项目以及制造厂要求的项目。B 级检修的周期一般为每 3 年 1 次。

励磁系统 A 级检修主要是对设备进行全面解体、定期检查、清扫、测量、调整和修理；定期监测、试验、校验和检定；按规定需要定期更换零部件；按各项技术监督规定检查和预防性试验项目以及制造厂要求的项目。A 级检修的周期一般为每 4～8 年 1 次。

（二）励磁系统的检修项目及工艺质量标准

1. 磁场断路器的检修维护

磁场断路器作为励磁系统重要的灭磁装置，在机组启停过程中动作次数多，机械结构及电气控制回路易出现疲劳或损伤，需结合各级检修进行详细的检修，以保证磁场断路器的运行可靠性。主要的检修项目有：

（1）磁场断路器触头及灭弧栅的检查、调整或更换。磁场断路器触头及灭弧栅应无严重缺陷和烧伤痕迹，无裂痕；触头的压力行程足够，间距满足要求。触头间无放电痕迹，接触面应平整，若有尖刺或磨损，用细砂布打磨触头，必要时更换备件。灭弧罩整洁、无变形，必要时更换备件。

（2）磁场断路器本体清扫与操动机构检查。检查磁场断路器分合闸线圈、操动机构等固定螺栓有无松动，标记位置无变化，金属结构或塑料件无裂痕，二次接线端子检查其紧固性，并使用对应大小的螺钉旋具进行紧固，力度应适中、磁场断路器本体应清洁无灰尘，与支撑结构间的绝缘情况良好；操动机构本体无机械损伤。

（3）磁场断路器辅助触点、限位触点，接触器合闸和跳闸线圈检查调整。使用万用表测量磁场断路器辅助触点、限位触点、分合闸线圈等回路的阻值，应与原记录无明显差别，辅助触点通断可靠，动作干净利落，触点电阻满足要求，触点闭合应有一定压力，断开应有一定间隙。

2. 绝缘子检查

检查电气回路中绝缘子外观，无裂纹，安装螺栓无松动，无灼烧放电痕迹。

3. 仪表、继电器等元器件检查和校验

对励磁系统相关的仪表、变送器及继电器等元器件进行校验，相关数据应满足规范要求，对不合格元器件进行更换。

4. 风扇电机及其回路检查

检查风扇回路相关接线端子，可用手拔端子接线，或使用对应大小的螺钉旋具对端子进行紧固；对风机本体进行清扫检查，对风机线圈进行绝缘电阻测试，应满足规范要求。进行绝缘电阻测试时应断开风机线圈外的电气元件，以免造成元件损坏，或影响绝缘数据。

5. 风扇电源切换

励磁风扇电源应进行切换试验，并检查风扇运行正常。

6. 盘柜清扫、端子紧固

盘柜长期运行中，柜内设备易积灰，造成元器件绝缘性能降低，散热性能减弱，柜内端子也会出现接线松动的现象，因此需对盘柜内外清洁，端子紧固，检查内部器件无破损、过热等异常现象，若有元器件异常则立即进行更换。

7. 励磁功率单元及连接回路检查

励磁功率单元在运行中会流经大电流，产生较多热量，长久运行后易出现绝缘性能降低、晶闸管被击穿等现象，降低功率单元的运行可靠性和安全性，在检修中需检查功率元件绝缘性能良好，无击穿现象，各连接螺栓紧固，可观察螺栓上的标记有无变化，若有变化，则应使用对应的力矩扳手对其进行紧固，并根据规范要求打力矩。检查晶闸管快熔元件完好，动作触点动作正确，触点电阻满足要求。

8. 励磁系统阻容保护组件的阻容值测量

励磁系统中交、直流侧和功率元件本身一般都配有阻容吸收保护装置。电容用于吸收瞬时浪涌能量，以抑制过电压；电阻用于限制晶闸管导通时电容放电电流所引起的电流上升率，同时可防止回路中的 L、C 元件形成谐振。检修中需测量阻容保护装置的电阻值、电容值，不在标称值范围内的需进行更换。电阻值与电容值可使用万用表的对应挡位进行测量，测量时应选取正确的挡位。

9. 灭磁及过电压保护检查

要检查灭磁装置及过电压装置的外观检查无异常，若有积尘则及时清洁；检查灭磁电阻无过热迹象，无裂痕。

10. 起励设备检查

对起励设备及相关电气回路进行检查，绝缘性能良好，设备无老化现象，手动分合起励开关，动作正常，使用万用表测量起励开关的辅助触点电阻，满足规范要求。

11. 励磁倒换极性

当电刷为正极时，因为电刷与集电环中间氧化膜的形成，使集电环和电刷的电气磨损和机械磨损都很小；当电刷为负极时，无法在集电环表面形成氧化膜，加剧了电刷与集电环的电气磨损和机械磨损。为提高集电环的使用寿命，需定期对励磁极性进行倒换，极性转换后螺栓紧固力矩需符合要求。

12. 励磁调节器整定值核对

在检修中不可避免需要对励磁调节器的整定值进行调整，以完成检修过程中的各项试验，在检修试验结束后，需检查整定值是否符合要求，是否与定值单一致。

励磁系统检修项目见表 3-2-3。

表 3-2-3 　　　　　　　　　　　励 磁 系 统 检 修 项 目

序号	项目	A修	B修	C修	D修
1	磁场断路器触头及灭弧栅的检查、调整或更换	√	√	√	√
2	磁场断路器本体清扫与操动机构检查	√	√	√	√
3	磁场断路器辅助触点、限位触点，接触器合闸和跳闸线圈检查调整	√	√	√	√
4	绝缘子检查	√	√		√

续表

序号	项目	A 修	B 修	C 修	D 修
5	仪表、继电器等元器件检查和校验	√	√	√	
6	风扇电机及其回路检查	√	√	√	√
7	风扇电源切换	√	√	√	
8	盘柜清扫、端子紧固	√	√	√	√
9	励磁功率单元及连接回路检查	√	√	√	√
10	励磁系统阻容保护组件的阻容值测量	√	√	√	√
11	灭磁及过电压保护检查	√	√	√	√
12	起励设备检查	√	√	√	√
13	励磁倒换极性	√	√	√	√
14	励磁调节器整定值核对	√	√	√	√

五、励磁系统试验

（一）励磁系统试验分类

励磁系统试验一般分为型式试验、出厂试验、交接试验和定期检查试验等几种。

1. 型式试验

对产品电气性能的正确性和完整性、环境适应性、电磁兼容性及达到标称参数的能力等方面进行检验。

2. 出厂试验

对产品的部分电气性能及产品铭牌参数（或合同中的产品参数）进行校核验证。

对组成励磁系统的设备和装置，每台（套）均应进行出厂试验。在制造厂无条件进行的出厂试验项目，可与励磁系统安装后的交接试验一起进行。

3. 交接试验

励磁系统现场安装完成后进入试运行前对产品的主要性能指标的综合测试。试验结果应满足相关规范有关要求。

4. 定期检查试验

对已投入运行的励磁系统设备和装置，为确保其安全、可靠运行，配合机组进行 A、B、C、D 级检修所做的定期检查试验。其试验周期一般与机组检修周期相同或根据装置运行情况而定。

关于装置中的设备及元器件故障修复后或更换后的试验，以及正常维护监测工作应按相关规定进行。

（二）励磁系统试验项目

励磁系统试验可以分为静态试验和动态试验。在动态试验开始之前，先要核对程序和参数是否正确，检查端子联片是否投入，特别是 TV、TA 和同步端子；检查并再次确认主回路的接线正确。励磁系统试验项目主要包括以下内容：

1. 绝缘电阻测试或耐压试验

（1）试验目的。检测励磁设备或回路的绝缘强度和介质强度，及时发现绝缘性能降低情况。

（2）试验方法。试验前将励磁设备或回路断开不相关回路，按不同电压等级分别进行。非被试回路及设备应可靠短接并接地，被试电子元件、电容器的各电极在试验前应短接。各项试验措施检查无误后，使用对应电压等级的绝缘电阻表对被试设备或回路进行绝缘电阻测试或交流耐压试验。

（3）标准要求。不同性质的电气回路绝缘电阻测试值应满足规范要求，耐压试验前后的绝缘电阻值差异小于 10%，耐压试验 1min 内无击穿现象，且无绝缘损坏和闪络现象。

（4）注意事项。在进行绝缘电阻测试或耐压试验时，应注意做好人身、设备防护，试验区域应做好隔离，防止无关人员进入试验范围。

2. 磁场断路器的性能试验

磁场断路器的性能试验主要有同步性能试验、导电性能试验、操作性能试验、分断电流试验等。

（1）试验目的。检查磁场断路器的性能是否能满足机组运行的要求。

（2）试验方法。使用开关测试仪等仪器对磁场断路器分合闸过程中主触头的动作同步性进行检验，测量各触头合闸时的接触电阻，测量分合闸线圈最低动作电压，录制发电机空载运行或负载运行时，跳磁场断路器进行灭磁的发电机电压、转子电压、转子电流等波形。

（3）标准要求。同步性、导电性、操作性、灭磁时间、磁场电压控制值等相关试验结果均符合规范要求。

3. 转子过电压保护装置试验

（1）试验目的。转子过电压保护单元试验用于检验转子过电压保护单元在各种故障情况下动作的可靠性和安全性，并记录其转子过电压保护动作值和特性。

（2）试验方法。

1）断开转子过电压保护装置连接的相关回路。

2）接入可调节电压试验电源，要求试验电源应超过转子过电压保护装置的动作值。

3）投入试验电源，模拟过电压触发器动作值。

（3）标准要求。过电压触发器动作值满足整定要求。

（4）注意事项。校验时应做必要的限流措施，以免造成电源或设备损坏。投入试验电源后，模拟过电压触发转子过电压保护装置动作值，动作值应符合整定要求。

4. 灭磁电阻伏安特性试验

（1）试验目的。校验灭磁电阻的伏安特性良好。

（2）试验条件。断开灭磁电阻两端的电气连接线，非试验部位做好隔离措施，检查灭磁电阻外观无异常后，接入可调节的试验电源，并用钳形电流表测量回路电流。

（3）试验方法。

1）从 0 开始在灭磁电阻两端施加试验电压。

2）读取对应的电压、电流值。

3）缓慢增加试验电压，依次读取对应电压、电流值。

4）试验过程中，应单向增加电压直至试验结束，不可往回减小电压，否则测得的试验数据不准确，无法反映真实的伏安特性。

（4）标准要求。灭磁电阻的伏安特性曲线与出厂时的试验数据对比，应无较大变化。

5. 开环小电流试验

（1）试验目的。检验调节器的同步、移相、触发和晶闸管控制触发性能，进行功率整流柜的参数验证。

（2）试验条件。断开励磁变压器二次侧与励磁交流进线的连接，并做好隔离措施，防止试验电压倒送至励磁变压器，励磁调节器装置各部分安装检查正确，完成接线检查和单元试验及绝缘耐压试验后，加入与试验相适应的工频三相电源，并检查输入电压为正相序。确定整流柜及同步变压器为同相序且为正相序，接好足够容量的小电流负载。示波器安装到位。

（3）试验方法。

1）启动励磁系统。

2）使励磁调节器工作在开环控制方式。

3）手动操作增减磁，改变整流柜直流侧输出。

4）用示波器观察假负载上的波形。

5）测量晶闸管整流桥输出电压，应与计算值吻合。

6）小电流试验应先逐个功率整流装置进行，并最终进行所有功率整流装置投入时的试验。

7）两套励磁调节器通道均应分别进行此试验。

（4）标准要求。示波器上的输出波形每个周期输出的锯齿波有 6 个稳定的波头，且一致性好，增、减磁过程中波形平滑变化，无跳跃变化。

（5）注意事项。进行小电流试验时，应检查每个晶闸管整流桥臂的输出是否均正确，在进行切换或试验中不应触碰电气回路上的裸露部分，防止发生触电事故。

6. 零起升压，自动升压，软起励试验

（1）试验目的。测试励磁调节器零起升压、自动升压、软起励特性。

（2）试验条件。发电机转速在 0.9～1.05 倍额定转速范围内，励磁系统工作正常，起励电源投入，励磁系统具备升压条件，机组未并网运行。

（3）试验方法。

1）零起升压。

a. 调整励磁调节器机端电压给定值至最低值。

b. 给励磁调节器开机令，机端电压自动升至给定值。

c. 手动增磁将机端电压逐渐升至额定值。

2）自动升压。

a. 调整励磁调节器机端电压给定值至额定值。

b. 给励磁调节器开机令，机端电压自动升至额定值。

3）软起励。

a. 将励磁调节器置于软起励模式。

b. 给励磁调节器开机令，机端电压按设定的速率平稳升至额定值或给定值。

（4）标准要求。试验过程中对机端电压、电压给定值、励磁电流、触发角等进行录波记录，机端电压上升过程平稳，无异常波动。

7. 升降压及逆变灭磁特性试验。

（1）试验目的。检查励磁调节器升降压及逆变灭磁性能。

（2）试验条件。发电机运行于空载工况下。

（3）试验方法。

1）通过增、减磁操作来增加或减少机端电压。

2）当机端电压升至额定值后，通过励磁调节器发出手动逆变灭磁令或通过远方发出停机令进行逆变灭磁。

3）对逆变灭磁试验进行录波。

4）进行主备用通道切换后，在新主用通道上进行相同试验。

（4）标准要求。机端电压变化平稳，励磁系统应可靠灭磁，无逆变颠覆现象。

8. 调节通道的切换试验

（1）试验目的。校核发电机励磁调节器自动/手动及双通道的各种切换过程中励磁电流的波动和机端电压变化情况，检验相互跟踪情况。

（2）试验条件。发电机运行于空载工况，机组转速为额定转速，做好录波准备。

（3）试验方法。

1）人为将主用通道的控制方式由自动切至手动再切回自动。

2）录波记录发电机机端电压。

3）人为进行主备用通道切换。

4）录波记录发电机机端电压。

5）在新的主用通道上进行控制方式切换。

6）录波记录发电机机端电压。

（4）标准要求。发电机空载自动跟踪切换后，机端电压稳态值变化小于 1% 额定电压，机端电压变化暂态值最大变化量不超过 5% 额定机端电压。要求可快速正确跟踪并能够实现无扰切换。

9. 空载状态下 10% 的阶跃响应试验

（1）试验目的。检验励磁调节器的调节特性。

（2）试验条件。发电机运行于空载工况，机组转速为额定转速。

（3）试验方法。

1）使励磁调节器控制方式为 AVR 方式。

2）将机端电压给定值调整至额定值。

3）励磁调节器给定值降 10%，并进行录波。

4）励磁调节器给定值升 10%，并进行录波。

（4）标准要求。机端电压上升时间不大于 0.5s，超调量不大于 20%，振荡次数不超过 3 次，调节时间不大于 3s。

10. TV 断线模拟试验

（1）试验目的。测试励磁调节器的 TV 断线检测功能，并验证 TV 断线后励磁调节器自动切换动作的正确性。

（2）试验条件。发电机运行于空载工况，机组转速为额定转速。

（3）试验方法。

1）在机端电压测量回路任意一相中串联入小空气断路器。

2）在发电机空载额定转速下，机端电压升至额定值，励磁调节器控制方式为 AVR 模式。

3）人为拉开主用通道机端电压测量回路的小空气断路器。

4）励磁调节器应能进行通道切换并保持自动方式运行，同时发出报警信号。

5）人为拉开原备用通道机端电压测量回路的小空气断路器。

6）励磁调节器应切换至手动方式运行。

7）恢复两路小空气断路器。

8）励磁调节器的 TV 断线故障信号应能复归，发电机保持稳定运行不变。

9）同时拉开 2 组小空气断路器。

10）励磁调节器应切换至手动方式运行。

（4）标准要求。TV 一相断线时发电机电压应当基本不变；两组 TV 断线时，机端电压超过 1.2 倍额定电压的时间不大于 0.5s。

11. 限制功能试验（过无功限制、欠励磁限制）

（1）试验目的。检测励磁系统各限制、保护功能参数整定与动作正确性。

（2）试验条件。发电机并网运行，励磁调节器控制方式为 AVR 方式。

（3）试验方法。

1）过无功限制功能试验。

a. 保持机组有功功率稳定在一定值上，无功功率保持在较小值上。

b. 读取当前运行时的限制运行点，降低过无功限制定值，使定值接近当前限制运行点，并投入过无功限制功能。

c. 在接近限制运行点进行机端电压正阶跃试验，使无功功率超出限制值，过无功限制器应动作。

2）欠励磁限制功能试验。

a. 保持机组有功功率稳定在一定值上，无功功率保持在较小值上。

b. 读取当前运行时的限制运行点，增加低励限制定值，使定值接近当前限制运行点，并投入欠励磁限制功能。

c. 减小励磁电流使无功功率缓慢减小直至低于限制值，欠励磁限制器应动作。

（4）标准要求。当无功功率或励磁电流超出限制值时，对应限制器应动作，并将无功功率或励磁电流限制在整定值。

（5）注意事项。进行欠励磁限制功能试验时，需注意欠励磁限制器应先于失磁保护动作。

12. 晶闸管整流桥的均流试验

（1）试验目的。检查并联的晶闸管整流桥的均流状态。

（2）试验条件。发电机运行于额定工况，有功功率和无功功率均为额定值。

（3）试验方法。当励磁系统输出为额定励磁电流时，测量并联整流桥或每个并联支路的电流。由并联运行各整流桥电流平均值与支路最大电流之比计算出均流系数。测量每个整流桥的输出电流值，并计算均流系数。

（4）标准要求。当励磁系统输出为额定励磁电流时，并联整流桥的均流系数不应低于0.9；当励磁系统输出为空载励磁电流时，并联整流桥的均流系数不应低于0.85。

13. 电力系统稳定器（PSS）试验

（1）试验目的。测试PSS的相频特性和幅频特性，验证PSS的效果，考核PSS对抑制低频振荡的作用。

（2）试验条件。发电机有功功率应大于80%额定有功功率，功率因数尽量接近1.0，被试机组励磁系统和调速系统正常，并退出自动发电控制（AGC）和自动无功电压控制（AVC）。

（3）试验方法。

1）测量被试发电机无补偿相频和幅频特性，获得0.1～3Hz范围内被试发电机的频率特性。

2）根据被试发电机的相频特性、振荡频率范围，整定PSS参数。

3）投入PSS，采用发电机负载阶跃或系统阻抗突变等方法检验其抑制有功低频振荡的效果。

4）投入 PSS，通过快速调整发电机有功功率，观察发电机无功反调现象。

（4）标准要求。PSS 模型应满足 DL/T 1231《电力系统稳定器整定试验导则》的要求。

（5）注意事项。部分地区调度要求每 5 年应进行电力系统稳定器试验和励磁系统建模试验的复核性试验。

14. 温升试验

（1）试验目的。检查励磁系统电气回路运行中的发热情况。

（2）试验条件。发电机在额定负载与额定功率因数下，连续运行 2h 后。

（3）试验方法。用铂电阻法、绕组电阻法或红外测温仪测其温度。

（4）标准要求。各部位的温升值不超过规定的限额。

六、励磁系统典型故障及处理

随着科学技术的不断发展，励磁系统的人机交互功能也得到不断完善，励磁系统的各种异常信息均可通过励磁调节器柜工控机人机界面进行直观显示。部分厂家针对励磁系统的各种异常信息，在人机界面简报中可直接显示故障原因初步分析及处理办法，励磁系统功能更加智能化，可为现场运维人员的故障处理提供参考依据。

（一）励磁系统故障处理原则

现场励磁系统运行过程中出现异常故障时，运维人员应密切监视励磁系统的运行状况，并采取必要的应急措施，以防止故障范围扩大。

励磁系统因调节器故障切换至手动调节通道（转子电流闭环）时，不允许长期保持该状态运行，应向所管辖调度说明情况并申请转移负荷，停机后通知检修人员进行消缺处理，停机过程中应人为配合进行减磁调节，以防止机组出现过电压。

在发电机运行限制曲线范围内，发生了限制无功功率或限制转子电流的运行，以及各种限制、保护辅助功能退出运行时，不允许长期保持该状态运行，应密切监视并及时向所管辖调度说明情况并申请转移负荷，停机后通知检修人员进行消缺处理。

双套调节器的励磁系统单套调节器故障退出运行后，经所管辖调度同意可继续使用备用自动调节通道运行。退出的故障通道应及时消缺，并应有相应的安全预控措施。

在不影响发电机运行的情况下，并联运行的功率整流器可以退出故障部分继续运行。待停机后通知检修人员进行消缺处理。

当功率整流器冷却系统及自动励磁调节器电源中有一路故障时，机组仍可正常运行。确保安全预控措施到位的情况下应及时检修。

当励磁变压器或励磁功率柜冷却系统故障时，励磁系统应根据设计要求限制负荷运行。

当发电机励磁系统相关设备发生故障引起机组故障跳闸时，运维人员应密切监视机组停机过程，待机组停稳后对故障设备进行检查处理，处理完毕后通过相关试验验证，确保故障设备恢复正常后方可投入运行。

以下就励磁系统常见典型故障进行分析，并提出处理方法，以供参考学习。

（二）励磁系统典型故障及处理

1. 整流桥故障

（1）故障现象。

1）监控后台报励磁系统整流桥故障。

2）励磁调节器柜人机界面显示整流桥故障告警。

（2）原因分析。

1）励磁整流桥晶闸管元件故障。

2）励磁整流桥故障检测回路故障。

（3）故障处理。

1）未明确故障原因之前应切除故障的励磁整流桥，若剩余整流桥容量不足以满足机组额定负荷运行要求时应立即停机检查处理。

2）检查励磁整流桥故障检测回路。

3）检查励磁整流桥晶闸管元件。

2. 调节器故障

（1）故障现象。

1）监控后台报励磁系统调节器故障。

2）励磁调节器柜人机界面显示调节器故障告警。

（2）原因分析。

1）调节器掉电。

2）调节器本身板件故障。

（3）故障处理。

1）若为调节器掉电，在确保电源回路正常的情况下及时合上调节器电源。

2）若调节器电源正常，可断电重启故障调节器；若故障未消除，则应停机后更换备品。

3. 脉冲故障

（1）故障现象。

1）监控后台报励磁系统脉冲故障。

2）励磁调节器柜人机界面显示脉冲故障告警。

3）调节器切换至备用正常通道运行。

（2）原因分析。

1）脉冲触发回路或通道故障。

2）功率柜脉冲模块故障。

（3）故障处理。

1）检查通道的同步信号及通道是否正常。

2）检查功率柜脉冲模块是否正常。

4. 灭磁开关故障

（1）故障现象。

1）监控后台报灭磁开关故障。

2）励磁调节器柜人机界面显示灭磁开关故障告警。

（2）原因分析。

1）灭磁开关本身故障。

2）灭磁开关位置分合闸监视回路故障。

（3）故障处理。

1）停机状态下检查灭磁开关本体是否故障。

2）停机状态下检查灭磁开关分合闸监视回路是否异常。

5. 冷却单元故障

（1）故障现象。

1）监控后台报励磁冷却单元故障。

2）励磁调节器柜人机界面显示冷却单元故障告警。

（2）原因分析。

1）风机等冷却设备故障。

2）冷却单元电源故障。

3）冷却单元监测回路故障。

（3）故障处理。

1）若为风机等冷却设备故障，应监视冷却系统故障的功率柜温升，必要时切除故障功率柜运行（采用集中冷却方式的，应根据设计要求限制负荷运行）。

2）检查冷却单元电源回路。

3）检查冷却单元故障监测回路。

6. 励磁过电压故障

（1）故障现象。

1）监控后台报励磁过电压故障。

2）励磁调节器柜人机界面显示过电压故障告警。

（2）原因分析。

1）集电环电刷接触不良。

2）转子过电压检测回路／跨接器回路故障。

（3）故障处理。

1）检查集电环与电刷接触是否良好。

2）检查转子过电压检测回路／跨接器回路是否正常。

3）若转子过电压保护装置故障退出时应立即将机组停机处理。

7. 过/欠励磁限制动作

（1）故障现象。

1）监控后台报励磁系统过/欠励磁限制告警。

2）励磁调节器柜人机界面显示过/欠励磁限制告警动作。

3）闭锁增磁令。

（2）原因分析。

1）励磁系统过/欠励磁定值设置不合理。

2）并网状态下励磁电流值大于过/欠励磁限制定值。

3）励磁电流模拟量采集不准确。

（3）故障处理。

1）复核励磁系统过/欠励磁定值设置是否合理。

2）检查励磁调节器励磁电流是否大于限制定值，监视系统电压、机组电压与无功功率情况。

3）机组停机后，检查励磁电流模拟量采集回路。

8. TV断线故障

（1）故障现象。

1）监控后台报励磁系统TV断线故障动作告警。

2）励磁调节器柜人机界面显示TV故障告警。

3）励磁系统切至备用调节器运行，断线故障调节器切至电流闭环。

（2）原因分析。

1）机端TV本体故障、高压熔断器故障等。

2）机端TV二次回路故障。

（3）故障处理。

1）检查机端TV本体、TV高压熔断器等一次设备是否正常。

2）检查励磁系统机端电压采样回路是否正常。

3）双套调节器TV断线故障，应向调度申请停机处理。

9. 同步故障

（1）故障现象。

1）监控后台报励磁系统同步故障告警。

2）励磁调节器柜人机界面显示同步故障告警。

3）调节器切换至另一正常通道运行。

（2）原因分析。

1）同步系数校准数值不准确。

2）同步电压检测回路异常。

（3）故障处理。

1）机组停机后，满足条件情况下对同步系数进行校准。

2）同步变压器故障导致同步电压异常，更换故障同步变压器。

3）检查调节器同步电压检测回路，确认二次回路是否故障。

10. V/Hz 限制动作

（1）故障现象。

1）监控后台报励磁系统 V/F 限制告警。

2）励磁调节器柜人机界面显示 V/F 限制告警动作。

3）闭锁增磁令。

（2）原因分析。

1）励磁系统 V/F 限制定值设置不合理。

2）机端电压给定值过高、机组频率过低。

3）机端电压、频率模拟量采集不准确。

（3）故障处理。

1）复核励磁系统 V/F 限制定值设置是否合理。

2）若机端电压给定值过高，降低机端电压给定。

3）机组停机后，检查机端电压、频率模拟量采集回路。

11. 功率柜阻容故障

（1）故障现象。

1）监控后台报励磁系统阻容故障告警。

2）励磁调节器柜人机界面显示功率柜阻容故障告警。

3）功率柜人机界面显示阻容故障。

（2）原因分析。

1）阻容保护回路整流二极管击穿短路。

2）阻容保护回路吸收电容损坏短路。

3）信号回路故障导致误告警。

（3）故障处理。

1）停机状态下检查阻容保护回路的整流二极管是否击穿短路。

2）停机状态下检查阻容保护回路的吸收电容是否损坏短路。

3）机组停机后，检查功率柜阻容故障告警回路。

思 考 题

1. 励磁系统的主要原理是什么？

2. 励磁系统有哪些主要运行方式？

3. 励磁系统由哪些主要部分构成？

4. 励磁系统有哪些限制器？设置各限制器的主要目的是什么？

5. 磁场断路器的定期检查内容有哪些？

6. 励磁系统定检时一般需执行哪些项目？

7. 励磁系统为什么要进行极性切换？

8. 请简述磁场断路器的检修内容。

9. 请简述励磁系统故障处理原则。

10. 励磁系统发生 TV 断线故障后为何要切换至备用正常通道运行？如果未切换至备用正常通道会发生什么情况？

11. 励磁系统功率柜阻容故障是否需要立即停机处理？为什么？

12. 励磁系统冷却单元故障是否需要立即执行停机？为什么？

第四章　SFC 系统

本章概述

本章的主要内容包括 SFC 系统的定义、SFC 系统的组成、SFC 系统相关的基本原理、SFC 系统运检相关事项等部分。通过本章的学习，读者可以对 SFC 系统及其日常工作相关注意事项有较为全面的认识。

学习目标

学习目标	
知识目标	1. 能记住 SFC 系统术语定义、类型、结构及组成。 2. 能简述 SFC 的基本工作原理和运行方式。 3. 能识读 SFC 系统控制原理图，并能记住 SFC 系统启停流程。 4. 能简述 SFC 系统典型故障处理原则。 5. 能简述 SFC 系统典型故障处理方法。 6. 能记住 SFC 系统主要反措要求。
技能目标	1. 能进行 SFC 系统巡视、监盘与操作。 2. 能进行 SFC 设备点检、定检、检修、校验工作。

第一节　SFC 系统概述

一、SFC 系统术语定义、类型、结构及组成

（一）术语定义

1. 静止变频器（static frequency converter，SFC）

利用晶闸管换流装置经交–直–交变换，将工频交流电转换成频率连续可调交流电的静止式频率变换设备。

2. 负载换相变频器（load commutated inverter，LCI）

利用负载换相原理进行逆变桥晶闸管逆变换相的一种电流源型变频器。

3. 均压系数（voltage balance coefficient）

串联运行的元器件在不小于最小导通电流的运行条件下，各元器件承受峰值电压平均值

与最大峰值电压之比。

4. 直流电抗器（DC-link capacitors）

平滑直流侧电流，在故障情况下限制电流的变化率的设备。

5. 整流器（rectifier）

减小变流器对电网侧的谐波干扰的设备。

6. 网桥（net bridge，NB）

将工频交流电流整流为直流的设备，控制其触发脉冲角度可以改变网桥输出直流电流大小。

7. 机桥（machine bridge，MB）

将直流电源逆变为 0～50Hz 交流电源的设备，控制其触发脉冲角度可以改变启动力矩大小和输出功率因数。

（二）SFC 类型

1. SFC 分类

交-直-交变频器先将交流电通过整流器变成直流电，再经过逆变器将直流电变换成频率可控的交流电。根据中间直流环节采用滤波器的不同分为电流源型变频器和电压源型变频器两种类型。其中，电流源型变频器直流侧串联大电感，相当于电流源，利用该电抗器进行直流滤波；电压源型变频器直流侧并联大电容，相当于电压源，利用该电容器进行直流滤波。电流源型变频器便于四象限运行，适用于需要制动和经常正、反转的电机。

2. SFC 拓扑结构类型及特点

SFC 整流桥、逆变桥均采用三相全控桥，若在一个交流周期内，整流桥或逆变桥通过 6 对脉冲对 6 个晶闸管桥臂进行控制，称为 6 脉冲整流或 6 脉冲逆变；在 6 脉冲整流回路或逆变回路基础上增加一组 6 脉冲整流回路或逆变回路，通过 12 对脉冲对 12 个晶闸管桥臂进行控制，称为 12 脉冲整流或者 12 脉冲逆变。

若 SFC 配置了输入变压器进行降压，经 SFC 整流逆变后再通过输出变压器进行升压，此结构类型为高压-低压-高压（简称高-低-高）结构；若 SFC 只配置了输入变压器，并且输入变为不降压的隔离变压器，此结构类型为高压-高压（简称高-高）结构。

SFC 根据每个周波机桥/网桥脉冲数、电压高低变换与否进行分类，其结构有多种形式，常见的有高-高、6/6 脉冲结构，高-低-高、12/6 脉冲结构，高-低-高、6/6 脉冲结构，以及高-低-高、12/12 脉冲结构。

（1）高-高、6-6 脉冲结构。高-高、6/6 脉冲结构如图 4-1-1 所示，这种结构 SFC 输入变压器为变比 1∶1 的隔离变压器，无须配置输出变压器。网桥、机桥均为 6 脉冲结构。

高-高、6/6 脉冲 SFC 结构简单，但由于功率单元电压较高，需要串联较多的晶闸管以满足耐压水平要求。同时由于网桥为 6 脉冲结构，输入侧交流谐波较大，需要配置谐波滤波器，特征谐波依次为 5、7、11、13……

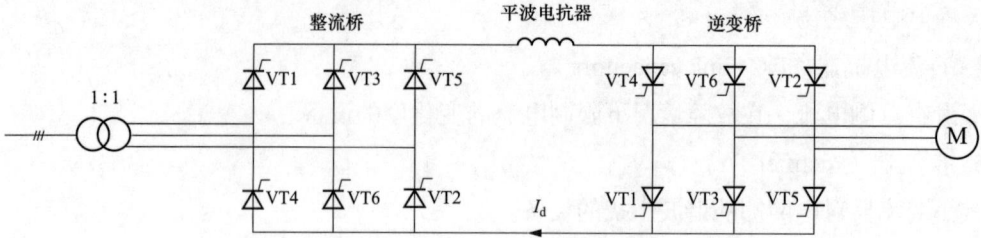

图 4-1-1　高-高，6/6 脉冲结构

（2）高-低-高、12-6 脉冲结构。高-低-高、12/6 脉冲结构如图 4-1-2 所示，输入变压器采用降压的三绕组变压器，低压侧绕组一个为 Y 接法，一个为 D 接法，两个绕组电压相位相差 30°电角度。输出变压器为升压的双绕组变压器，网桥为 12 脉冲结构，机桥为 6 脉冲结构。

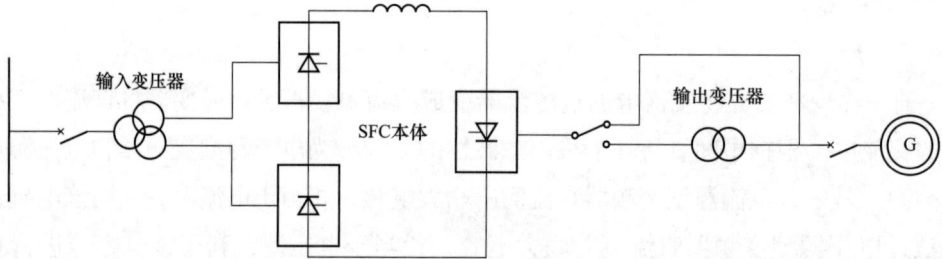

图 4-1-2　高-低-高、12/6 脉冲结构

经过降压变压器降压后，功率单元电压已明显降低，而降压变压器二次电压由两个串联的整流桥承担，每个桥臂承受电压进一步降低，晶闸管串联数量明显减少，对于晶闸管绝缘水平的控制非常有利。从谐波角度看，网桥为 12 脉冲结构，其交流侧谐波大大减小，无须配置谐波滤波器，特征谐波依次为 11、13、23、25……

（3）高-低-高、6/6 脉冲结构。高-低-高、6/6 脉冲结构如图 4-1-3 所示，输入、输出变压器均为双绕组变压器，网桥、机桥均为 6 脉冲结构。

经过输入变压器降压后，功率单元电压也明显降低，晶闸管串联数量也较少。从谐波角度看，网桥为 6 脉冲结构，输入侧交流谐波较大，特征谐波依次为 5、7、11、13……

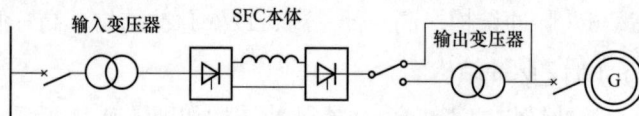

图 4-1-3　高-低-高、6/6 脉冲结构

（4）高-低-高、12-12 脉冲结构。高-低-高、12/12 脉冲结构如图 4-1-4 所示。这种结构的网桥与机桥组合方式有两种，一种是 12 脉冲网桥与 12 脉冲机桥的串联，另一种是

两个 6/6 脉冲整流桥 / 逆变桥组的并联。

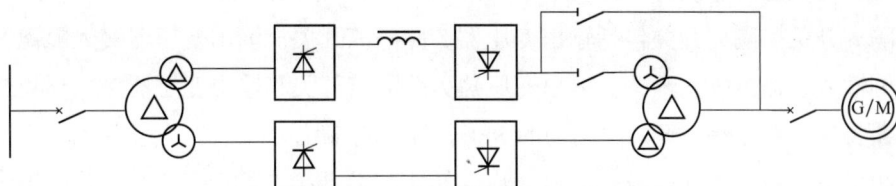

图 4-1-4　高-低-高、12-12 脉冲结构

从谐波角度看，12/12 脉冲结构机桥、网桥的交流侧谐波均较小，特征谐波次数依次为 11、13、23、25……

（5）谐波。SFC 作为电力电子设备在晶闸管周期性换相时会在交流侧产生特征谐波，对 SFC 电源侧的电网电压和输出侧的机组电压与力矩脉动都将产生一定的影响。SFC 电源接入点为机组主变压器低压侧，此处谐波影响较恶劣，连接在此处的主变压器和高压厂用变压器是受影响最大的电气设备。

根据傅里叶级数研究和推导，6 脉冲整流系统特征谐波为 $6k \pm 1$（k 为正整数）次谐波；12 脉冲整流系统特征谐波为 $12k \pm 1$（k 为正整数）次谐波。而且，次数越低的谐波幅值越高。因此网桥采用 12 脉冲结构可以明显降低谐波含量，尤其是 5 次和 7 次谐波，设置谐波滤波器也可以有效降低 SFC 对电网的谐波影响。

（三）SFC 系统主要设备组成及其作用

SFC 系统主要由一次主回路、控制及保护部分、电源及辅助设备组成。一次主回路主要包括交流电抗器、断路器、变压器、晶闸管变流器等，晶闸管变流器是功率部分的主要部件，由网桥、机桥和平波电抗器组成；控制部分是 SFC 的核心部件，主要由测量单元、脉冲单元及控制单元等组成；保护单元由测量单元和保护组成；辅助设备主要指冷却单元。

1. 一次主回路

SFC 的主回路主要由输入电抗器、输出电抗器、断路器、隔离开关、输入 / 输出变压器、谐波滤波器、网桥、平波电抗器、机桥、接地开关等组成。

（1）输入电抗器。输入电抗器用于限制 SFC 回路发生短路故障时的短路电流，保护 SFC 晶闸管，对电源侧谐波也有限制作用，输入电抗器接在 SFC 电源接入点和输入断路器之间。

（2）输出电抗器。输出电抗器用于限制 SFC 机侧回路发生短路故障时的短路电流，保护 SFC 晶闸管，对机桥换流时电流变化率也有一定的限制作用，输出电抗器接在输出断路器与启动母线之间。

（3）断路器。SFC 断路器包括输入断路器、输出断路器和谐波滤波器投切断路器。输入断路器用于正常启、停与电网电源的投切，以及故障时快速切断与电网的联系；输出断路器用于 SFC 拖动时将功率传导给机组，同时机组并网后能够切断与机组联系。配置有谐波滤波器的 SFC，谐波滤波器投切断路器用于正常停运时的回路切断。

（4）隔离开关。隔离开关包括输出变压器旁路隔离开关、输出变压器接入隔离开关以及启动母线侧输入、输出隔离开关。输出变压器旁路隔离开关和输出变压器接入隔离开关也可选用断路器替代。对于高－低－高结构的 SFC，配置有输出变压器，为了避免输出变压器运行在极低频率下，也为了获得较大的机组启动转矩，在低频（如小于 5Hz）阶段用旁路隔离开关将输出变压器旁路，当频率大于设定频率（如 5Hz）时旁路隔离开关断开，输出变压器接入隔离开关合适，将输出变压器接入主回路。

（5）输入 / 输出变压器。输入变压器连接在电网与网桥之间，主要起隔离和降压作用；输出变压器连接在机组与机桥之间，实现机桥输出与电机机端电压相匹配。根据整流、逆变桥的脉冲数结构形式，输入、输出变压器可以选择为三卷变压器或两卷变压器。

（6）谐波滤波器。SFC 启动时将产生大量谐波，谐波滤波器用于减少电源电流和电压波形畸变，提高 SFC 的功率因数。早期 SFC 配置了谐波滤波器，后来的 SFC 不再配置谐波滤波器。

（7）网桥。网桥将工频交流电流整流为直流，控制其触发脉冲角度可以改变网桥输出直流电流大小。网桥可采用 6 脉冲或 12 脉冲，根据交流侧电压大小和晶闸管反向电压承受能力，网桥每个桥臂可采用单只晶闸管或多只晶闸管串联。网桥采用大功率晶闸管，为了减少晶闸管换相尖峰过电压，每个晶闸管并接有 RC 阻容元件，保护晶闸管。

（8）平波电抗器。平波电抗器用于抑制直流电流纹波，限制直流回路电流脉动，同时能够限制系统故障时直流电流上升速率和幅值。

（9）机桥。机桥将直流电源逆变为 0～50Hz 交流电源，控制其触发脉冲角度可以改变启动力矩大小和输出功率因数。机桥可采用 6 脉冲或 12 脉冲，根据交流侧电压大小和晶闸管反向电压承受能力，机桥每个桥臂可采用单只晶闸管或多只晶闸管串联。机桥采用大功率晶闸管，为了减少晶闸管换相尖峰过电压，每个晶闸管并接有 RC 阻容元件，保护晶闸管。

（10）接地开关。接地开关用于 SFC 系统的检修隔离，保护检修维护人员的人身安全，一般安装在输入断路器靠输入变压器侧，输出断路器靠输出变压器侧以及机桥靠机组侧。

2. 控制部分

SFC 控制器是 SFC 的控制核心，用于 SFC 功率部分的控制、保护监视及逻辑控制等，主要有测量单元、控制单元和脉冲触发单元等。SFC 控制器具备电气量采集功能、转子位置检测功能、机组转速控制功能、同步信号形成功能、功率部分触发控制功能、机组励磁电流控制功能等，同时还具有保护、异常监视报警、故障跳闸等功能；控制器还具备人机接口用于人机交互，具备通信功能用于其他设备系统的通信。

（1）测量单元。测量单元用于测量 SFC 调节控制保护所需的输入电压、输入电流、输出电压、输出电流等。这些信号经过传感器隔离转化为低压信号，再转换为数字信号供计算控制程序使用。

（2）控制单元。控制单元包括核心控制器及其输入 / 输出（I/O）单元。核心控制器是控制部分的核心，实现了变频器所有相关功能，包括转速闭环控制、电流闭环控制、脉冲换相控制、负载换相控制、电气量保护、对外通信、人机接口等；输入 / 输出（I/O）单元负责核心控制器数据和信息的输入，控制命令及信号输出。

（3）脉冲触发单元。脉冲触发单元包括晶闸管脉冲信号产生、传送及光电转换等环节，由控制脉冲输出板卡、阀控装置、晶闸管控制单元、传输光纤等组成。核心控制器生成的触发控制信号传输至阀控装置，阀控装置同时接收核心控制器计算的同步信号，然后将触发控制信号转变为晶闸管触发脉冲信号，晶闸管触发脉冲信号经光纤传输至各晶闸管的控制单元，晶闸管的控制单元通过一次回路取能后将光触发脉冲信号转化为电触发信号，完成晶闸管的触发；晶闸管的控制单元还能够将触发状态信号反馈给阀控装置。

3. 保护部分

SFC 应配置完善的电气量保护，包括变频器功率回路的差动保护、过电流保护、电压保护、电流变化率保护、过速保护、过电压保护、低磁通保护等；输入、输出变压器保护，包括差动保护、电流速度保护、过电流保护、温度保护等。进口 SFC 保护部分集成在控制部分，国产 SFC 采用控制器集成保护＋独立保护装置的冗余配置方案。保护部分负责对 SFC 内部故障快速识别，并快速停止运行，切除电源，包括测量单元及保护单元。

（1）测量单元。测量单元用于测量 SFC 保护所需的电压、电流信号。

（2）保护单元。实现对 SFC 及输入、输出变压器的保护的计算及输出。

4. 电源部分

电源部分主要包括冷却系统所需的交流电源及其双电源切换装置、控制部分所需的直流电源及其切换装置、柜内加热照明电源，以及各电源监视回路。

5. 辅助设备

辅助设备主要包括功率柜冷却单元以及输入、输出变压器冷却单元。

（1）功率柜冷却单元。功率柜冷却单元用于对运行中的晶闸管及直流电抗器进行散热冷却，按散热介质的不同分为水冷和风冷。

1）风冷方式。采用强迫风冷方式，利用风机驱动空气快速经过晶闸管散热器表面，把热量带到空气中。冷却系统由风机、风压开关、风机电源等组成。该方式使用维护方便，但噪声大，同时要保证 SFC 室的室温处于较低的温度。

2）水冷方式。冷却系统由内冷却水回路、外冷却（水冷或风冷）回路及相关设备组成。内冷却水回路用去离子水作为冷却介质，用于对晶闸管元件的冷却；外冷却如用水冷，外冷却水回路用普通水作为冷却介质，经过热交换器将去离子水热量带走。水冷方式散热效率高，散热器体积小，但系统结构复杂，维护工作量大，对水质要求也高。

（2）输入、输出变压器冷却单元。输入、输出变压器可采用油浸式或干式。油浸式变压器需要配置油泵、油 / 水冷却器或油 / 风冷却器、油流开关、电动阀等。干式变压器一般采用自冷方式，可选配冷却风机。

二、SFC 系统的工作原理

SFC 起动适用于各种容量的电动机起动，尤其适用于大容量电动机，其起动方式是抽水蓄能机组泵工况起动的首选起动方式，既可将发电电动机从静止状态平稳地起动至额定转速，又可灵活地将发电电动机稳定在某一转速。因变频器功率元件都是静止元件，维护工作量小，工作可靠性高，设备布置比较灵活，可多台机组共用一套。

SFC 根据电机转子位置或机桥侧交流电压信息，以逐渐升高的频率交替向定子某两相通入电流，产生超前于转子磁场的定子旋转磁场，通过定子磁场和转子磁场的相互作用，产生加速力矩将转子加速到指定转速。

SFC 拖动定、转子磁场关系如图 4-1-5 所示，图中通过控制机桥侧晶闸管的导通顺序和换相，保证在定子两相中流通的电流 I_d 产生的定子磁场 Φ_s 总是超前于转子磁场 Φ_f，从而产生的电磁转矩满足机组转子加速的需求。

当转子处于图 4-1-5（a）位置时，机桥 4、5 号桥臂导通，即定子电流由 A 相流入，C 相流出。定子 A、C 相磁动势 F_a 和 F_c 方位如图 4-1-5（a）所示，根据磁动势矢量关系，定子合成磁动势即合成磁通 Φ_s 为图 4-1-5（a）所示方位，它超前转子磁通 Φ_f，对转子磁场形成牵引作用，拖动转子旋转；当转子旋转至图 4-1-5（b）位置时，机桥换相至 6、5 号桥臂导通，即定子电流由 B 相流入，C 相流出，定子合成磁通 Φ_s 为图 4-1-5（b）所示方位，继续超前转子磁通 Φ_f，拖动转子继续旋转。

1. 换相控制

根据逆变桥晶闸管关断方式，可以将 SFC 运行分为低速阶段（脉冲耦合阶段）和高速阶段（负载换相阶段）。在机组拖动初期，转子转速过低，导致机端电压也很低，无法满足逆变桥晶闸管自然换相需求，因此采用强迫换相方式进行逆变桥晶闸管关断和换相。当机组转速较高时（如大于 10% 额定转速），定子感应电压上升到能够提供足够大的反压使之前导通的桥臂关闭，实现自然换相。

（1）强迫换相。当机桥需要换相时，控制网桥逆变运行，强迫电流下降为零，并维持一段时间 Δt；待机桥晶闸管均完全关断后，触发换相后应导通的晶闸管，同时控制网桥恢复整流状态，重新建立回路电流，从而实现换相过程。强迫换相时直流回路电压、电流曲线如图 4-1-6 所示。

（2）自然换相。当机组转速上升至 10% 额定转速时，机端电压满足晶闸管自然换相需求，系统换相模式由强迫换相切换至自然换相（又称负载换相），逆变桥利用反电动势实现晶闸管的关断和换相。对于高 - 低 - 高结构，通常在换相模式切换过程中，同时切换旁路隔离开关或旁路开关以投入输出变压器。

2. 转子位置检测

准确可控的转子位置检测是 SFC 拖动的必要条件，SFC 需要根据检测出的转子位置，选择合适的两相定子电枢绕组通入电流。SFC 转子位置检测分为有转子位置传感器检测和无转子位置传感器检测两种方式。

有转子位置传感器检测利用光电编码器将转子的机械位移量转换为脉冲或数字量信号，再通过计数设备解码获取转子位置。该位置检测传感器由码盘和探头组成，码盘安装在大轴

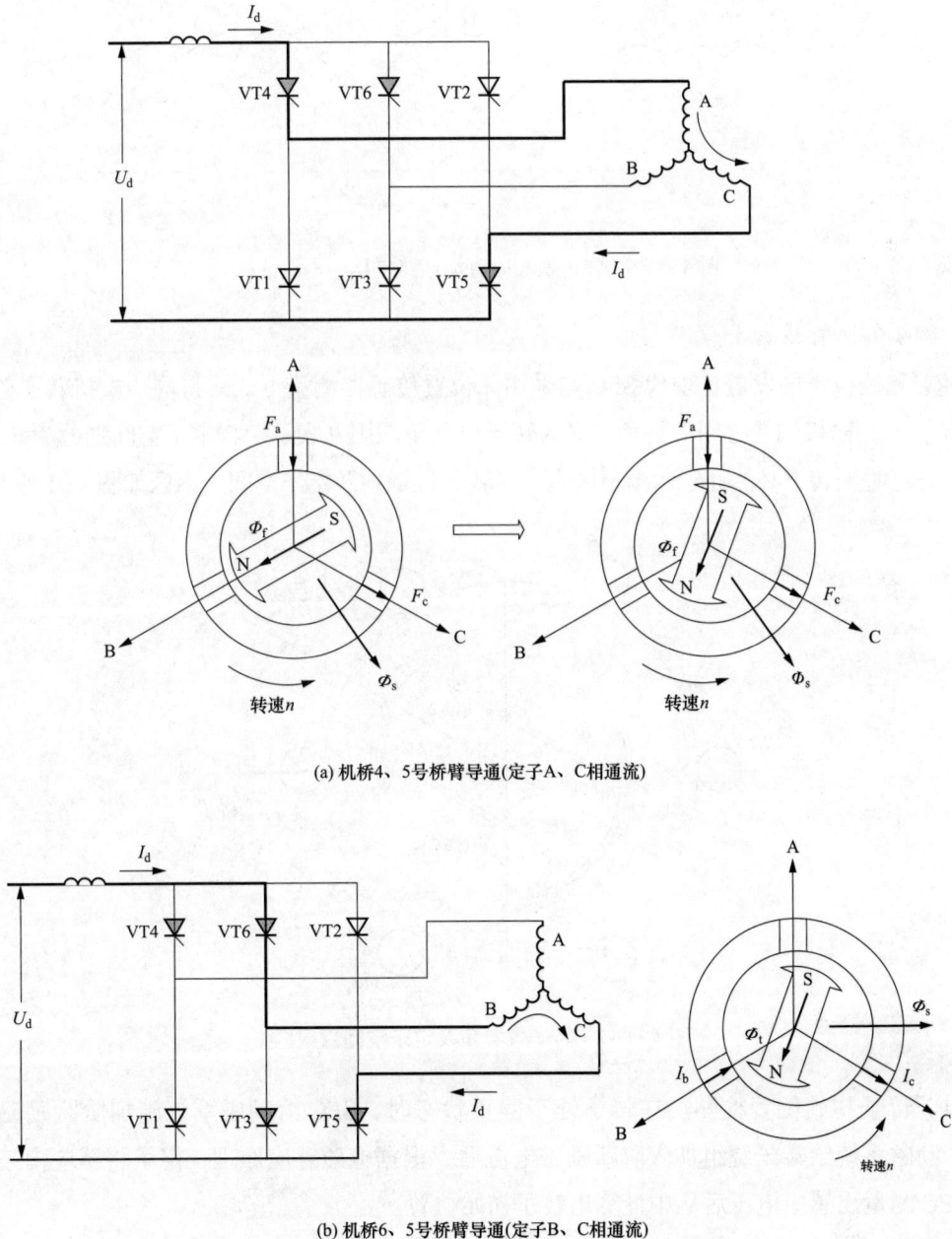

(a) 机桥4、5号桥臂导通(定子A、C相通流)

(b) 机桥6、5号桥臂导通(定子B、C相通流)

图 4-1-5　SFC 拖动定、转子磁场关系

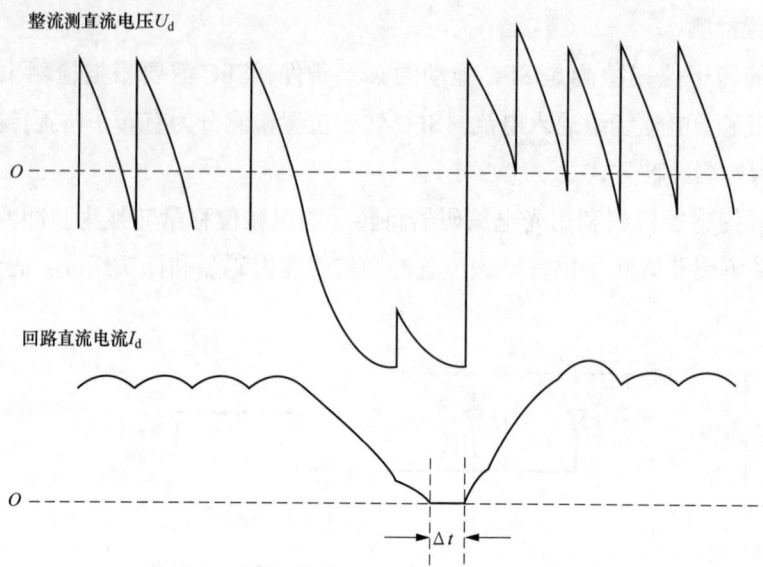

图 4-1-6　强迫换相时直流回路电压、电流曲线

端部，探头安装在支架上。

随着测控技术的发展，现代 SFC 均采用无位置传感器测量方式。将同步电机转子磁通轴线与定子 A 相磁极轴线之间的夹角定义为转子位置角，用 θ 表示。将定子空间划分为 6 个 $60°$ 扇区，任意时刻转子必然处于六个扇区之一，转子位置角及定子空间六扇区如图 4-1-7 所示。

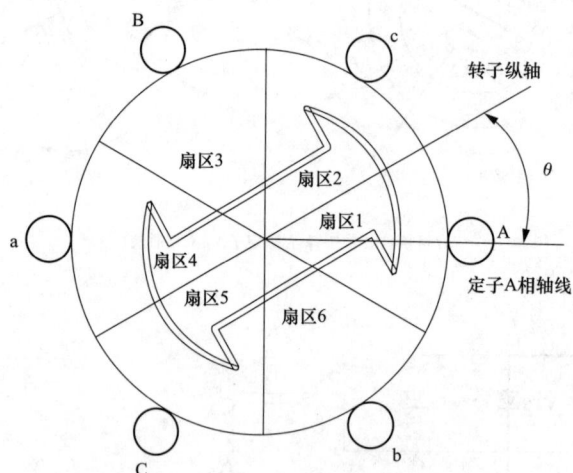

图 4-1-7　转子位置角及定子空间六扇区

（1）转子初始位置检测。在转子处于静止状态时，SFC 给励磁系统施加阶跃励磁参考信号，励磁系统给转子绕组加入阶跃励磁电流后，根据电磁感应原理，定子将感应出三相电压，SFC 测量出感应电压后从中计算出转子初始位置。

（2）极低速阶段转子位置检测。由于机端电压与机组频率成正比，在机组转速极低时段

（如 0.3% 额定值以下，即频率低于 0.15Hz），机端电压幅值很小，无法准确地测算出转子位置，此阶段 SFC 采用开环控制方式。

（3）低速阶段转子位置检测。机组转速高于 0.3% 额定值后，定子电压幅值已足够大，便可以利用实测的机端三相电压进行转子位置角计算。在该转速以后，根据机桥换相模式的不同，有两种转子位置检测方法。在与强迫换相对应的低速阶段，采用通过检测线电压（上升沿或下降沿）识别转子位置的方法。

在与自然换相对应的高速阶段，采用磁通计算法进行转子位置检测，见下文所述。

（4）高速阶段转子位置检测。进入高速阶段后，机桥采用负载换相（即自然换相）模式，SFC 测得机端三相电压后，通过三相坐标系转换为两相静止坐标系，即 α-β 坐标系，将三相电压变换为 α 分量和 β 分量。再根据电机基本公式积分得到 α-β 坐标系上的转子磁通 Φ_α 和 Φ_β，由此计算转子位置角。

因机桥电压测量环节的设备选型与控制策略不同，进口 SFC 通常在机组转速高于 0.3% 额定值后的两个阶段均采用磁通计算法进行转子位置检测。

3. 转矩控制

（1）转矩控制。SFC 将发电电动机从静止态拖动到设定的转速，需要克服机组静止时的惯性和各转动部件的摩擦阻力以及转动部件的空气阻力，同时 SFC 必须提供足够的启动力矩和加速功率，以满足对机组拖动过程的时间要求。抽水蓄能机组其转动惯量和机组轴系上的机械阻力基本确定，机组的转速由作用在转子上的转矩大小确定，该转矩主要包括 SFC 提供的电磁转矩和机组旋转阻力转矩。

SFC 产生的电磁转矩与直流电流、功率因数和转子磁通成正比。其中，直流电流通常由网桥触发角度决定；功率因数由机桥触发角度决定；同时，按照机组转速与极端电压的变化实时对转子磁通进行控制。转矩控制方程与 SFC 系统各部分的关系如图 4-1-8 所示。

（2）转速控制。为实现上述转矩控制目标，SFC 系统一般采用双闭环控制，以转速控制为目标，电流控制为手段。

双闭环控制的外环为转速闭环，采用 PI 调节（P 为放大环节，I 为积分环节），内环为电流闭环，也采用 PI 调节方式。SFC 运行后，通过计算转速设定值与所测转速实际值的偏差，再经过转速 PI 控制计算，产生网桥直流电流给定值；直流电流给定值与网桥输出直流电流测量值的差值再经过电流 PI 控制计算产生的控制量，经过余弦移相产生网桥的触发角，下发给网桥触发单元。网桥触发单元同步信号通过采样网桥电压生成。

（3）机桥控制。机桥采用开环控制。在强迫换相阶段，机桥工作于全逆变方式，触发角 α 与直流电流无关，机桥触发角 α 为恒定的最大值，仅由最小逆变角 $\beta_{\min}$ 限制。在自然换相阶段，机桥触发角 α 不仅受最小逆变角限制，还与直流电流有关。机桥触发单元同步信号通过采样机桥电压生成。

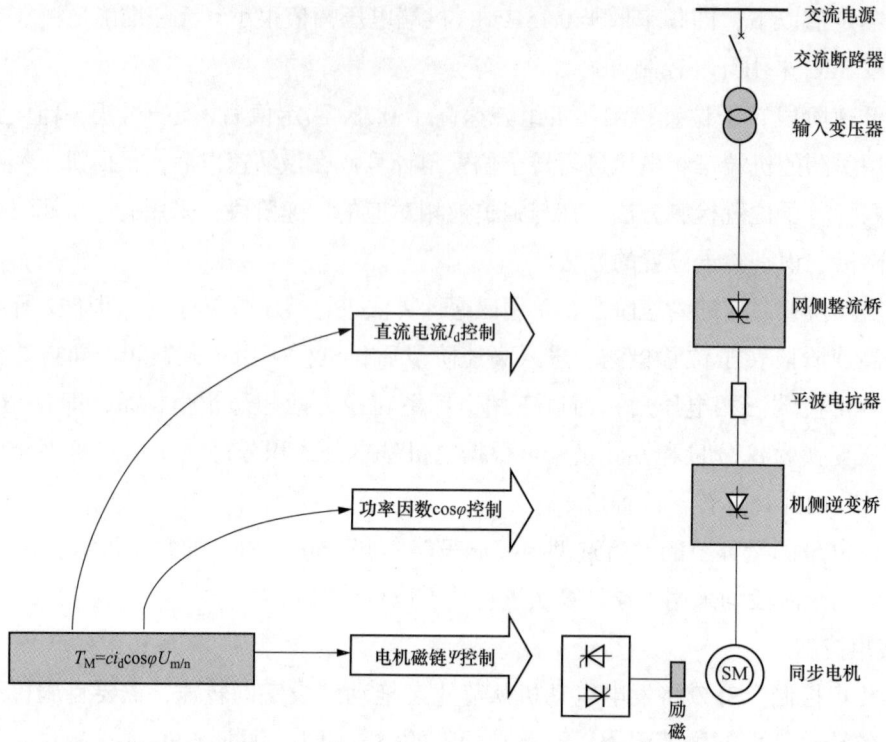

图 4-1-8 转矩控制方程与 SFC 系统各部分的关系

（4）磁通控制。对于转子磁通的控制，在整个机组加速过程中，通常在恒磁调节（保持一定的电磁转矩）的基础上进行微调，以防止机组过激磁或磁通过小。SFC 与励磁调节器对磁通的控制有以下几种方式：

1）SFC 将励磁电流参考值发送给励磁调节器，励磁调节器将接收到的励磁电流参考值进行电流闭环控制。SFC 与励磁系统之间的励磁电流参考值可通过 4～20mA/0～10V 信号传输。

2）由 SFC 完成对机端电压/磁通、励磁电流的闭环控制，将励磁整流桥晶闸管触发脉冲的电压控制值 U_k 发送给励磁调节器，励磁调节器由此电压控制值进行整流桥触发脉冲控制，进而控制励磁电流。励磁系统脉冲电压控制值 U_k 可通过 4～20mA/0～10V 信号传输。

3）完全由励磁系统控制机端电压/磁通，SFC 和励磁系统之间只有启动令、脉冲解锁和状态确认等数字量信号传输。

4. 并网调节与控制

当 SFC 将机组拖动到设定的转速后，即进入并网调节控制，SFC 通过监控系统向同期装置发出"同期释放"信号。同期装置启动后，给 SFC 发送"增速"或"减速"调频脉冲信号，由 SFC 完成转速的微调。同时，同期装置给 SFC（或直接给励磁调节器）发送"增磁"或"减磁"调压脉冲信号，由 SFC（或励磁调节器）闭环控制完成电压的微调。

当同期装置检测到机组并网条件满足后，同期装置向机组出口断路器发送合闸令，同时向 SFC 发送"闭锁脉冲令"或"停机令"。SFC 闭锁脉冲的同时，发出输出断路器分闸令，实现机组并网和 SFC 的退出。

对于并网调控过程中机端电压的调节，励磁调节器的控制方式通常有两种，一种是在电流闭环通过接受 SFC 发送的励磁电流参考值进行调节，待机组并网后经一定延时后自动切换为电压闭环；另一种是在电压闭环直接接受同期装置发送的"增磁"或"减磁"调压脉冲进行调节。

三、SFC 的运行方式和状态

抽水蓄能电站装机通常有 2、4 台或 6 台等几种。为满足电动机泵工况起动的需要，至少装配 1 套 SFC，装机台数较多的可装配 2 套 SFC。电动机泵工况起动优先采用 SFC 起动，在 SFC 不可用时可使用背靠背方式起动。

1. 运行模式

SFC 应具备远方自动运行、现地单步、试验及测试等运行模式

（1）远方自动模式。远方自动模式是抽水蓄能电站 SFC 正常生产运行模式，在这种模式下，先由计算机监控系统完成辅机启动、压水、拖动电气回路的准备工作，然后 SFC 接收计算机监控系统的启动指令，按照设定好的启动流程将机组拖动到设定转速后接收机组同期装置相关指令，完成同期和阶段的转速、电压控制指令直至并网成功，然后 SFC 按照正常停机流程完成停机。

（2）现地单步模式。用于电动机零起升速起动，由运维人员远方选择和调试工程师现地操作配合完成，可将电动机稳定在 20%～90% 额定转速（考虑到电动机振动等因素，应避开低转速或接近额定转速长时间运行）。

（3）试验及测试模式。SFC 具有专门对自身试验及测试工况的控制模式，主要用于设备的定期检修、试验及故障排除。通过对 SFC 装置定值设定后便可进入该模式。

正常运行时 SFC 控制方式选择为"远方自动"，同时 SFC 正常处于热备用状态，即输入隔离开关、输出隔离开关合上，辅助冷却设备正常运行。

当 SFC 起动机组结束后，SFC 自动进入热备用状态，此时可以继续起动其他机组。

当 SFC 处于"现地单步"方式时，可以对 SFC 进行单步起动试验，此时 SFC 的起动过程仍同"远方自动"时的起动过程。

当 SFC 在"检修"方式时，SFC 不能起动机组，只能在现地控制柜起停输入变油泵、冷却单元去离子水泵、网桥风扇及机桥风扇等辅助设备，用以检查冷却单元去离子水流量、水泵压差、风扇压差是否正常以及各水泵、风扇、油泵是否运行正常。或在控制柜人机接口选择晶闸管脉冲试验功能。

2. 运行状态

（1）冷备用。SFC 处于"输入断路器断开、变频单元晶闸管关断、触发脉冲闭锁、输出断路器断开、冷却系统等辅助设备停运"的状态。

（2）热备用。SFC 处于"输入断路器合上、变频单元晶闸管关断、触发脉冲闭锁、输出断路器断开、冷却系统等辅助设备运行"的状态。

（3）运行。SFC 处于"输入断路器合上、变频单元晶闸管导通、触发脉冲开放、输出断路器合上、冷却系统等辅助设备运行"的状态。

第二节　SFC 装置运检

一、SFC 系统巡视、监盘

（一）SFC 系统巡视

1. SFC 输入 / 输出变压器检查

（1）检查运行中的输入 / 输出变压器无异响、异味，无过热。

（2）检查输入 / 输出变压器外壳清洁，完整无裂痕，无严重结露。

（3）检查输入 / 输出变压器高、低压套管表面清洁，无闪络、放电痕迹，完整无裂痕。

（4）检查输入 / 输出变压器高、低压侧连接导体表面清洁，固定良好，接头无氧化、腐蚀及放电痕迹。

（5）检查输入 / 输出变压器接地牢固，接地线完好，接地端无氧化、腐蚀及放电痕迹。

（6）检查输入 / 输出变压器温度正常。

（7）检查输入 / 输出变压器室照明、通风良好，无异常烟雾及过热。

（8）检查输入 / 输出变压器气体继电器内充满油，无气体存在，表面清洁，外壳完整无破裂。

（9）检查输入 / 输出变压器压力释放装置状态正常。

（10）检查硅胶呼吸器表面清洁，完整无裂痕，硅胶颜色正常。

（11）检查输入 / 输出变压器各手动阀状态正常。

（12）检查输入 / 输出变压器冷却器水温度正常、外观完整、无破裂。

2. SFC 输入 / 输出开关柜检查

（1）检查开关状态指示正常。

（2）所有电源小断路器、接触器状态正常。

（3）检查 SFC 输入 / 输出断路器储能正常。

（4）检查 SFC 输入 / 输出断路器各操作、监视传感器连接管路固定良好，无破裂。

（5）检查 SFC 输入 / 输出断路器现场控制盘上的控制方式在"远方"位置（正常运

行时）。

（6）正常运行时，现场控制盘上加锁固定，检查盘内无异味，接线端子正常牢固。

3. SFC 控制柜检查

（1）检查 SFC 控制柜上屏显信息正常。

（2）检查 SFC 控制柜上无报警。

（3）检查 SFC 控制柜上各卡件表面清洁、完整，指示灯指示正常。

（4）检查 SFC 控制柜内所有电源小断路器、接触器状态正常，各熔丝投入并没有熔断。

（5）检查 SFC 控制柜内变压器表面清洁、完整，无过热。

（6）检查 SFC 控制柜内各电缆、各端子连接完好、牢固，各继电器状态正常，固定良好且外壳无破裂。

（7）检查 SFC 所有盘柜门正常关闭且锁上。

（8）检查冷却风扇运转正常。

4. SFC 整流、逆变柜检查

（1）检查 SFC 功率柜各手动阀、电动阀状态正常（水流流量计、温度计、电导率计、压力表）。

（2）检查 SFC 冷却回路各管路、阀门、过滤器及各连接部分无渗漏水现象。

（3）检查所有表计表面清洁，指示正常。

（4）检查去离子水温度、压力、电导率正常。

（5）检查去离子膨胀罐正常。

（6）检查去离子水泵工作状态正常。

（7）检查去离子装置工作正常，无渗漏。

5. SFC 电抗器检查

（1）检查电抗器表面清洁，外观完好，运行中无异响、异味，无振动、过热。

（2）检查电抗器连接导体表面清洁，固定良好，接头无氧化、腐蚀及放电痕迹。

（3）检查电抗器各支持绝缘子表面清洁，完整无裂痕。

（4）检查电抗器接地牢固，接地线完好，接地端无氧化、腐蚀及放电痕迹。

（5）检查电抗器室照明、通风良好，无异常烟雾及过热。

（6）检查电抗器室门正常时关闭并锁住。

（二）SFC 系统监盘

1. 静止状态下的监视检查

监视机组泵工况启动预条件中 SFC 相关的条件、SFC 本体有无报警信号。监视 SFC 控制方式、冷却水电动阀开关位置、SFC 报警复归按钮以及 SFC 热备用/停止按钮状态是否正常。在机组停机备用时 SFC 有启动闭锁报警，值守人员应及时通知运维负责人安排人员到现场检查。设备报警信息未经运维人员确认，不得复归。报警信息应查明原因并消除故障，报警复归后 SFC 方可投入运行。

2. SFC 拖动机组启动过程中的监视检查

（1）监视输入 / 输出断路器及各隔离开关状态，SFC 相关报警信号。监视监控画面 SFC 输入 / 输出断路器、S1/S2 旁路隔离开关位置指示是否正确。监视机组启动过程中，SFC 准备好、SFC 电流建立、SFC 辅助设备启动等条件及状态是否正常。

（2）监视去离子水循环水泵、冷却风扇运行状态。监视 SFC 冷却水电动阀开启情况、冷却水流量。

（3）监视启动回路各隔离开关动作情况。监视机组启动转向，启动回路电流、机端电压、机组转速上升情况。

（4）同期调整阶段，监视机组转速、电压调节情况。

3. 机组同期装置发出合闸命令后的监视检查

监视输出断路器能否正常断开，监视启动回路各隔离开关动作情况，SFC 有无报警。

4. SFC 转入冷备用的监视检查

监视输入断路器是否正常断开，SFC 冷却水电动阀、去离子水循环水泵、冷却风扇是否正常停止。

5. SFC 故障停机后的监视检查

（1）检查输入 / 输出断路器，启动回路各隔离开关动作情况。检查 SFC 冷却水电动阀、去离子水循环水泵、冷却风扇动作情况。

（2）机组启动过程中，发生 SFC 故障跳闸时，值守人员应及时通知运维负责人安排人员查明跳闸原因，消除故障后方可重新投入运行。

二、SFC 系统操作

（一）紧急按钮操作

操作目的：当 SFC 调试试验，或者发生其他突发情况或程序出错时，可通过现地控制柜上的紧急按钮实现紧急停止 SFC。

功能概要：现地控制柜上手动按下紧急按钮后，SFC 将立即跳开输入断路器与输出断路器，并将起动流程中断。紧急按钮按下后将自保持，可再按一次使其复位。

方法步骤：按下 SFC 急停按钮。检查 SFC 输入断路器与输出断路器随即跳开。

注意事项：SFC 急停按钮仅限于紧急情况下使用，为防止误碰应装有专用盖帽。

（二）辅助设备启停测试

操作目的：检查 SFC 变压器油泵和冷却柜水泵等辅助设备及其电源回路、控制回路和信号反馈回路功能是否正常。

方法步骤：根据现场的人机交互界面或工控机进行参数选择及情况查看。

结果检查：检查确认风扇、油泵等启停是否正常，功能是否正常。

注意事项：注意要在 SFC 停止且输入输出开关分开时进行相关测试。

三、SFC 系统日常维护

各电站 SFC 系统的具体设计不同，日常维护的内容也不尽相同，本小节仅对 SFC 系统一般性的日常维护工作进行梳理，实际的日常维护工作要根据具体 SFC 系统要求制定。

（一）SFC 系统日常维护项目与周期

SFC 系统日常维护主要有滤网清扫、去离子水过滤器清洗与滤芯更换、去离子水补水、膨胀稳压罐补气、去离子树脂更换、控制柜双电源切换试验、控制柜二次回路端子紧固检查、电气一次设备外观检查、接地检查、防火封堵检查、程序备份等 SFC 一次设备不停电检查与维护项目。部分电站 SFC 系统采用的冷却方式是风冷方式，涉及的日常维护主要有冷却风扇检查、冷却水管路检查、风压开关及温度传感器检查等。

SFC 系统日常维护工作因项目不同周期也不同。一般的外观检查通常为一周一次。滤网清扫、去离子水过滤器清洗与滤心更换、去离子水补水、膨胀稳压罐补气、去离子树脂更换等项目周期视具体情况而定。风冷方式的冷却柜检查、控制柜双电源切换试验、二次回路端子紧固检查、程序备份等项目通常为一年一次。

（二）SFC 系统日常维护方法及要求

SFC 系统日常维护主要包含以下内容：

（1）盘柜本体检查，柜门正常关闭，且上锁。指示灯完好，信号正确，无异常告警信号。无异响，无异味。

（2）SFC 系统隔离开关外观检查，柜体清洁、控制方式、指示灯工作正常，照明无损坏。

（3）控制柜及功率柜滤网清扫，主要是清扫灰尘、清除油污等。功率柜的清扫与其他盘柜清扫要求不同，采用吹灰方式，吹灰时应对着散热器，顺着风道方向吹，将固体颗粒物吹出柜外，最好能排到控制室外；不能排到控制室外的在清灰完毕后也要打扫控制室，避免运行时再次循环至柜内。

（4）根据 SFC 系统运行频次及冷却水的水质来判断离子水循环回路过滤器的脏污程度，更换滤芯。

（5）检查去离子水压力，若去离子水压低于限值（具体值需查阅厂家运维指导书，如 90kPa），补充去离子水至设计值（具体值需查阅厂家运维指导书，如 120kPa）。水压偏低时及时补充。

（6）检查去离子水电导率，当电导率超出正常控制范围时（如 0.7~1.0μs/cm），及时检查，必要时更换电导率控制器或更换去离子介质。

（7）对 SFC 冷却风扇电机噪声、风量进行检查，测量电机绝缘及运行时电流大小；检查挡风板、通风管路、散热片工作情况；检查冷却水管路是否有渗漏情况。

（8）对 SFC 风压开关、温度传感器进行检查及校验。

（9）定期进行 SFC 保护控制系统的双电源切换试验，主要检查电源模块输出电压应在正常范围内，主备用电源切换试验正常。

（10）电气回路及设备外观检查。

1）检查各盘柜内部接线端子、元器件、接插件等接线牢固和接线端子接触良好。

2）检查确认控制柜内继电器、接触器、电源模块等元器件安装牢固和外观完好。

3）检查电气一次设备安装牢固和外观完好。

4）电抗器清洁无尘，无氧化、腐蚀、放电痕迹，运行无异响、异味。

（11）重点部位红外测温。

1）使用红外线测温仪测量电缆、铜排等设备发热情况（设备不停电，注意与设备带电部位保持足够的安全距离）。

2）使用红外线热像仪记录观察重点设备和部位（包括二次端子排及电源模块）的温度。

（12）系统接地检查，接地牢固，接地线完好，接地端无氧化、腐蚀及放电痕迹。

（13）防火封堵检查，屏柜及电缆防火泥完整，电缆本体防火涂料无脱落。需要注意的是，SFC 风冷柜电机隔室与网桥侧中间隔板底部不能进行封堵，否则会造成 SFC 启动时风压开关不能正确动作，从而导致 SFC 起机失败。

（14）辅助系统（照明、消防、视频监控等）检查，有损坏时及时更换和维修。

（15）程序备份，包含原始程序及处理板中的已编译程序，备份程序可存储在专用的、未接入过外网设备的移动介质存储。

（16）去离子水温度与环境温度检查，温度无明显变化，无结露的可能。

四、SFC 设备检修

（一）SFC 设备检修内容及周期

1. SFC 设备检修分类

抽水蓄能电站 SFC 设备检修分为大修和小修。

大修是根据运行特点和老化规律，有重点地对 SFC 设备进行检查、评估、修理、解体检查。大修的周期一般为每 5～8 年 1 次。

小修是针对某些设备存在问题进行清扫、检查和修理，同时按照规定周期开展技术监督项目。小修的周期一般为每年 1 次。

2. SFC 设备检修前准备

（1）作业前组织作业人员学习作业指导书，熟悉检查项目、步骤、注意事项。

（2）确认工作组成员健康状况良好，安全帽、工作服等安全工器具完备、合格。

（3）准备并检查工器具是否满足要求，主要包括毛刷、酒精、吹风机、脱脂棉、干净的抹布、万用表、验电笔、绝缘电阻表、常用电工工具等。

（4）分析现场作业危险点，提出相应的防范措施，并核对现场安全措施是否正确和完善。

（5）作业前确认设备名称编号、位置和工作状态。

（6）检修工作前应拉开 SFC 启动装置输入断路器和输出断路器，并摇至"试验"位置。

（7）检修工作前应断开 SFC 启动装置的交流电源、UPS、直流电源。

3. SFC 设备检修项目及周期

SFC 设备主要检修项目见表 4-2-1，此处给出的检修项目周期仅供学习参考，由于各电站结构不同，实际工作以相关规程规范及说明书为准。

表 4-2-1　　　　　　　　　　　　SFC 设备主要检修项目

序号	检修项目	检修等级	检修周期
1	控制柜		
1.1	清扫控制盘柜内设备及滤网，紧固二次接线端子	小修	1～3 年
1.2	检查 SFC 控制器的接线情况	大修	5～8 年
1.3	继电器和接触器校验	小修	1～3 年
2	功率柜		
2.1	清扫电网侧整流桥柜、机组侧逆变桥柜	小修	1～3 年
2.2	检查晶闸管功率部件、桥臂电感器连接及紧固情况	大修	5～8 年
2.3	检查晶闸管电阻、电容、阻尼回路的连接及紧固情况	大修	5～8 年
2.4	检查晶闸管脉冲触发及监视光纤及连接器的情况	大修	5～8 年
2.5	SFC 输出断路器、接地开关的移动性检查、位置信号触点检查及闭锁钥匙功能检查	小修	1～3 年
2.6	检查传感器及仪表（包括压力传感器、温度传感器、电导率传感器、各类仪表等）紧固情况	小修	1～3 年
2.7	隔离开关、接地开关操动机构的动作情况检测	小修	1～3 年
2.8	晶闸管并联电阻电容测试	小修	1～3 年
2.9	晶闸管的电阻测量	小修	1～3 年
2.10	电压、电流回路分压分流电阻测量	小修	1～3 年
3	开关柜		
3.1	清扫开关柜内设备及滤网，紧固二次接线端子	小修	1～3 年
4	变压器		
4.1	检查设备的安装牢固及螺栓腐蚀情况	小修	1～3 年
5	电抗器		
5.1	清扫电抗器本体及支撑绝缘子	小修	1～3 年
6	滤波器		
6.1	清扫滤波器本体及支撑绝缘子	小修	1～3 年
7	冷却单元		
7.1	清扫检查 SFC 冷却单元柜并紧固接线端子	小修	1～3 年

序号	检修项目	检修等级	检修周期
7.2	检查冷却单元的各个法兰面及阀门的渗漏情况	小修	1～3 年
7.3	检查冷却水回路的伸缩节连接和软管连接紧固情况	大修	5～8 年
7.4	冷却系统测量元件校验	小修	1～3 年

（二）危险点分析与控制措施

（1）误触碰。采取的控制措施：对可能引发误碰的回路、设备、元件设置防护带和悬挂警示牌。

（2）人员触电。采取的控制措施：开工前应核对设备名称及编号，确认各来电侧断路器均已断开，检修设备已可靠接地。

（3）自动化元件损坏。采取的控制措施：安装、拆卸自动化元件应小心谨慎，并做好防护，以免损坏仪器仪表。

（三）注意事项

（1）板卡清扫检查：插拔板卡动作应轻缓，佩戴防静电手环用吹风机、软毛刷轻轻吹扫，使其表面清洁无污垢。板卡检查完毕回装后，用红外测温仪检查板卡工作温度是否正常，观察板卡各指示灯和状态指示是否正确。

（2）对控制柜内的二次元件进行吹扫，测量匹配电阻的阻值是否满足正常要求。注意吹扫检查过程中防止误动设备、误改变继电器状态。

（3）一次设备外观检查、清扫。目测盘柜内一次设备绝缘无受损、无异常放电痕迹。由于盘柜内部设备布局紧凑，空间狭小，故施工时需防止挤压无关设备，同时保证良好的照明条件，保证检查质量。

（4）功率元件检查。检查晶闸管、脉冲触发板、阻容电路等元件无灼伤，对其表面进行吹扫，并确认接线无松动。

（5）阻容元件测量。对每个元件进行测量，测量值须在规程允许范围内，发现不合格元件将其更换。测量时需要拆除的接线在测量结束后恢复完整。

（6）平波电抗器检修。对平波电抗器外部进行吹扫，检查电缆接头无松动，目测电抗器外观无放电痕迹。对此类电抗器，每1～5年需进行外施工频耐压试验。

（7）SFC 输入、输出变压器检修。该变压器分油浸式变压器或干式变压器，小修根据外观或损坏情况确定，大修依据变压器运行过程中的电晕现象、放电强度判断。主要检修项目有铁芯检修、线圈检修、引线检修、绝缘支架检修、外观检查、分接头检修、接地情况检查、绝缘油检测、预防性试验等。

（8）开工前，必须核对设备名称、型号；检修中，必须注意安全；分解元件时，要注意各零部件的位置和方向，并做好标记；需要打开线头时，首先应核对图纸与现场是否相符，并做好记录；检修完毕后，必须进行验收。

（9）对隐蔽的元件，应按计划检修周期随机组检修时进行检查，并做详细的检查记录。

（10）各元件在检修后，有关部门应严格按规程和有关规定进行分级验收。

（11）检修后的元件应进行系统检查和试验，确认正确可靠后方可投入运行。

五、SFC系统试验

SFC系统试验是对SFC装置及其相关设备的电气性能或功能、电气回路的正确性和完整性的检验，是SFC系统运检工作的重要组成部分。本节主要包含SFC系统试验分类，主要设备定期试验项目与周期、试验方法及要求，以及试验注意事项等几部分内容。

（一）试验分类

抽水蓄能电站SFC系统试验包括型式试验、出厂试验、现场交接试验和定期试验。

对于新投运（包含技术改造后投运）的SFC系统，其主要的专用设备（如限流电抗器、晶闸管整流器等）应进行型式试验，并提供型式试验报告。

出厂试验包括对SFC系统各设备的部分电气性能及产品铭牌参数（或合同要求的产品参数）进行校核验证。

投运前的现场交接试验包括对SFC系统的主要性能指标进行综合测试。

定期试验则是对已投运SFC系统及其部分设备定期进行功能或性能测试。

（二）试验报告要求

试验必须有完整、正规的试验记录，试验记录的内容一般应包括下列各项：

（1）试验日期。

（2）被试设备的名称、型号、制造厂、出厂日期、出厂编号、装置的额定值。

（3）试验项目名称。

（4）使用的主要仪器、仪表的型号和出厂编号。

（5）试验条件和试验工况。

（6）记录量的原始值与波形。

（7）最终的试验结果。

（8）有关的说明及结论。

（9）试验单位的试验负责人和试验人员签字。

（三）注意事项

（1）根据试验项目的不同，需确认相应的试验条件及安全隔离措施。

（2）试验仪器仪表的测量精度应满足被试设备准确级的要求。

（3）试验人员应熟悉试验项目的试验方法、试验顺序、安全措施及所用仪器仪表的原理、性能和使用方法等，并能分析和解决试验过程中出现的技术问题。

（4）进行绝缘电阻测试或交流耐压试验时，断开不相关的电路，区分不同电压等级分别进行。应先清洁设备，非被试回路及设备应可靠短路并接地，被试电子元件、电容器的各电极在试验前应短接。

（四）试验方法及要求

SFC系统主要定期试验包括控制器试验和整流桥／逆变桥试验，SFC系统主要定期试验项目与周期见表4-2-2。

表4-2-2　　　　　　　　　　　　SFC系统主要定期试验项目与周期

序号	试验项目	周期
1	控制器试验	
1.1	二次回路绝缘电阻测量	1～3年或必要时
1.2	开关量输入／输出环节试验	1～3年或必要时
1.3	模拟量输入／输出环节试验	1～3年或必要时
1.4	保护功能试验	1～3年或必要时
2	整流桥／逆变桥试验	
2.1	绝缘电阻测量	1～3年或必要时
2.2	耐压试验	3～6年或必要时
2.3	晶闸管低电压触发试验	3～6年或必要时
2.4	晶闸管过电压触发试验	3～6年或必要时
2.5	晶闸管串联阀组均压试验	3～6年或必要时
2.6	晶闸管触发脉冲测试	3～6年或必要时

1. 控制器试验

控制器试验主要包括二次回路绝缘电阻测量、开关量输入／输出环节试验、模拟量输入／输出环节试验、保护功能试验等。

二次回路绝缘电阻测量属于通用试验，本文不展开。下文展开说明开关量输入／输出环节试验、模拟量输入／输出环节试验、保护功能试验等几部分内容。

（1）开关量输入／输出环节试验。

1）试验目的。检验SFC控制器开关量输入、输出环节的正确性。

2）试验方法。模拟开关量输入信号状态变化，检查控制器内相应信号变量的变位；改变控制器内开关量输出信号的状态，检查对应输出信号状态变化。并记录信号模拟情况和动作结果。

开关量输入信号的模拟应从回路源端的元器件处进行，有条件地使元器件动作，否则可短接该元器件的出口触点进行模拟。

开关量输出信号的模拟通过控制器软件强制进行，输出信号的状态变化应检查至回路末端执行元器件或设备状态，条件不具备时可通过测量末端设备的接口回路状态变化进行动作结果判断。

3）试验结果要求。开关量输入环节的源端元器件或开关触点、中间继电器、输入卡及软件程序等动作正确；开关量输出环节的软件程序、输出卡、中间继电器、末端元器件或设备等动作正确。

（2）模拟量输入/输出环节试验。

1）试验目的。检验 SFC 控制器模拟量输入、输出信号测量回路的正确性以及模拟量的精度、范围等。

2）试验方法。通过信号发生器模拟 SFC 整流桥输入侧、直流环节、逆变桥输出侧交流或直流电压、电流信号输入至控制器，检查控制器内相应信号测量值应与输入值一致；改变控制器内模拟量输出信号的值，检查对应输出信号显示值应与输出值一致，并记录试验结果。

模拟量输入信号的模拟应从回路源端的 TV、TA 出口端子处进行；模拟量输出信号的检查应包含输出环节的所有元器件显示值。

3）试验结果要求。模拟量输入信号采样与输出信号显示误差应不大于 5%。

（3）保护功能试验。

1）试验目的。检验 SFC 控制器保护功能的准确性。

2）试验方法。根据保护定值单，通过信号发生器模拟保护采用回路电压、电流信号，当电压、电流值超过保护整定值时，保护单元应正确动作，并输出相应动作信号，并记录试验结果。

试验过程中，涉及的保护开放或闭锁逻辑信号条件可通过控制器软件程序变量强制完成，并记录完整。

实际工作中，该试验可结合模拟量输入/输出环节试验一并进行，以减少拆解线工作。

3）试验结果要求。保护动作值与返回值误差应不大于 5%，且保护开放或闭锁逻辑与保护动作后果应正确。

2. 整流桥/逆变桥试验

整流桥/逆变桥试验主要包括绝缘电阻测量、耐压试验、晶闸管低电压与过电压触发试验、晶闸管串联阀组均压试验、晶闸管触发脉冲测试等。

整流桥/逆变桥绝缘电阻测量与耐压试验方法较通用，对于水冷系统要求在离子冷却水正常工作状态下进行。

下文展开说明晶闸管低电压与过电压触发试验、晶闸管串联阀组均压试验、晶闸管触发脉冲测试等几部分内容。

（1）晶闸管低电压触发试验。

1）试验目的。测试晶闸管及其触发单元低电压触发功能。

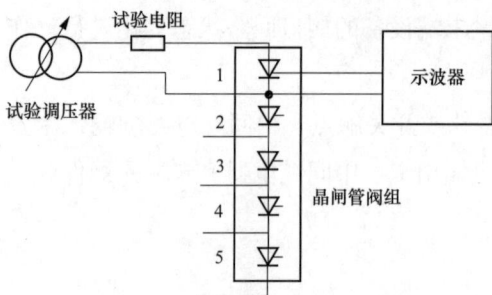

图 4-2-1　晶闸管触发试验接线

2）试验方法。将被试晶闸管两端的外部电气连接可靠断开并接入试验用电阻负载（电阻负载额定电压与额定功率应满足试验需要），在晶闸管与电阻负载的串联回路两端接入电压可调的试验电源，在 SFC 控制柜输出触发脉冲，在晶闸管脉冲回路门极或阴极接入示波器。调节试验电源电压从小到大，直到示波器显示晶闸管触发脉冲波形正确，记录该时刻的试验电源电压值。晶闸管触发试验接线如图 4-2-1 所示。

3）试验结果要求。晶闸管低电压触发功能应正常，低电压触发的电压值应满足产品技术要求。

（2）晶闸管过电压触发试验。

1）试验目的。测试晶闸管及其触发单元过电压自动触发功能。

2）试验方法。将被试晶闸管两端的外部电气连接可靠断开并接入试验用电阻负载（电阻负载额定电压与额定功率应满足试验需要），在晶闸管与电阻负载的串联回路两端接入电压可调的试验电源，在晶闸管脉冲回路门极或阴极接入示波器。调节试验电源电压从小到大（但不超过晶闸管反向重复峰值电压的 80%），直到示波器显示晶闸管触发脉冲波形正确，记录该时刻的试验电源电压值。

3）试验结果要求。晶闸管过电压触发功能应正常，过电压触发的电压值应满足产品技术要求。

（3）晶闸管串联阀组均压试验。

1）试验目的。测量晶闸管串联阀组均压性能。

2）试验方法。将被试晶闸管两端的外部电气连接可靠断开并接入试验用电阻负载（电阻负载额定电压与额定功率应满足试验需要），在晶闸管与电阻负载的串联回路两端接入电压可调的试验电源。调节试验电源电压为 10%、50%、110% 额定工作电压，分别测量各晶闸管阳极和阴极间的电压值，记录各电压值，并计算各桥臂晶闸管串联阀组的均压系数。

3）试验结果要求。各桥臂的晶闸管串联阀组均压系数应不低于 0.9。

（4）晶闸管触发脉冲测试。

1）试验目的。测试晶闸管及其触发单元工作性能。

2）试验方法。将被试晶闸管两端的外部电气连接可靠断开并接入试验用电阻负载（电阻负载额定电压与额定功率应满足试验需要），在晶闸管与电阻负载的串联回路两端接入试验电源，在 SFC 控制柜输出触发脉冲，在晶闸管脉冲回路门极或阴极接入示波器。在示波器读取晶闸管触发脉冲电流波形。该试验可结合晶闸管低电压触发试验同时进行。

3）试验结果要求。晶闸管触发脉冲宽度、上升沿时间和电流幅值等参数应满足产品技术要求。

六、SFC 系统典型故障处理

随着科学技术的不断发展，SFC 系统的人机交互功能也得到不断完善，SFC 系统的各种异常信息均可通过设备人机界面进行直观显示。在处理 SFC 系统故障时，应首先根据 SFC 系统故障报文确定故障类别，分析故障原因，必要时应结合其他设备系统（如监控系统、保护系统等）采集的电气量进行对比分析，确定故障点，研判故障后果，确保安全的情况下尽可能保证容量满足调度负荷计划要求，然后根据故障后果严重程度进行分类处理。

（一）SFC 系统故障处理原则

SFC 系统存在启动闭锁报警时，在查明原因、故障消除、报警信号复归后，方可投入运行。

SFC 系统运行过程中报警，应加强监视，发现影响设备安全运行的重大缺陷时，应立即停止运行。

机组启动过程中，发生 SFC 外部故障跳闸时，应查明外部跳闸原因，确认 SFC 无异常后，方可重新投入运行。

机组启动过程中，发生 SFC 内部故障跳闸时，应根据控制器、保护装置、故障录波装置等相关设备信息查找并消除故障，必要时进行隔离处理。在原因查明、故障消除、报警信号复归后，方可重新投入运行。

配置双套 SFC 系统的电厂，若主用 SFC 故障无法启动时，运维人员应立即启用备用 SFC；若双套 SFC 均故障时，则应考虑采用背靠背方式启动机组，同时还应综合考虑厂内机组备用容量是否满足调度负荷计划要求，必要时向调度申请负荷计划调整。

SFC 输入 / 输出启动回路一次设备故障时，在确保设备安全的情况下可选择背靠背启动方式，必要时选择同单元机组背靠背启动方式。

SFC 输入 / 输出变压器不正常运行或故障处理应按照电力变压器运行规程等相关规程、规范执行。

（二）SFC 系统典型故障及处理

不同 SFC 设备厂家，针对 SFC 系统的同一故障描述也不尽相同，但 SFC 故障的原理基本相同。以下就 SFC 系统常见典型故障进行分析，并提出处理方法，以供参考学习。

1. 整流桥 / 逆变桥柜内温度高

（1）故障现象。

1）监控上位机报 SFC 系统整流桥 / 逆变桥故障。

2）SFC 系统人机界面显示整流桥 / 逆变桥温度高。

（2）原因分析。

1）SFC 系统整流桥 / 逆变桥长期过负荷运行。

2）水冷方式的 SFC 冷却水故障。

3）风冷方式的风机运行故障。

4）测量元件故障。

（3）故障处理。

1）检查 SFC 系统运行情况，检查其是否存在过负荷现象。

2）检查去离子水的温度、压力、流量以及电导率等是否正常。

3）检查风机运行情况，通过风压、风速、风机电源运行情况判断风机是否正常。

4）检查温度传感器等自动化元件是否正常。

2. 去离子水温度高

（1）故障现象。

1）监控上位机报 SFC 冷却系统故障。

2）SFC 系统人机界面显示去离子水温度高。

（2）原因分析。

1）去离子水流量不足。

2）外循环冷却水压力低、温度异常或流量不足。

3）SFC 系统整流桥 / 逆变桥长期过负荷运行。

4）测量元件故障。

（3）故障处理。

1）检查去离子水流量是否正常。

2）检查外循环冷却水压力、温度、流量是否正常，检查管路是否有漏液、堵塞等情况。

3）检查 SFC 系统运行情况，是否存在过负荷现象。

4）检查温度测量回路（温度传感器、回路线缆、端子等）是否故障。

3. 去离子水压力 / 流量低

（1）故障现象。

1）监控上位机报 SFC 冷却系统故障。

2）SFC 系统人机界面显示去离子水压力 / 流量低。

（2）原因分析。

1）去离子水流量不足。

2）测量元件故障。

（3）故障处理。

1）检查去离子水泵运行情况是否正常。

2）检查去离子水管路各阀门位置是否正确。

3）检查离子水管路是否堵塞。

4）检查管路及水／水热交换器有无漏水。

5）检查传感器回路元件有无异常。

6）补充去离子水或缓冲罐气体。

4. SFC 控制单元故障

（1）故障现象。

1）监控上位机报 SFC 控制单元故障。

2）SFC 系统人机界面显示控制单元故障。

（2）原因分析。

1）SFC 控制单元硬件设备故障。

2）SFC 控制单元自检回路或元件故障。

（3）故障处理。

1）查看 SFC 人机界面故障列表，检查控制单元各板件运行指示灯情况。

2）断电重启控制单元，检查 SFC 控制单元启动运行情况。

3）若重启后故障仍未消除，则应更换故障板件。

5. 晶闸管故障

（1）故障现象。

1）监控上位机报 SFC 整流桥／逆变桥故障。

2）SFC 系统人机界面显示晶闸管故障。

（2）原因分析。

1）晶闸管触发回路、监视回路故障。

2）隔离输入／输出回路故障，晶闸管击穿。

（3）故障处理。

1）查看 SFC 晶闸管触发回路、监视回路是否正常。

2）检查 SFC 隔离输入／输出回路是否故障，晶闸管是否击穿。

3）更换故障的晶闸管或桥臂。

6. 整流桥／逆变桥电流保护动作

（1）故障现象。

1）监控上位机报 SFC 保护动作。

2）SFC 系统人机界面显示整流桥／逆变桥电流保护动作。

（2）原因分析。

1）一次回路出现异常（短路、桥直通）。

2）电流测量回路异常。

（3）故障处理。

1）查看保护装置动作是否正确。

2）检查保护范围内一次设备是否存在短路、接地现象。

3）检查电流测量回路是否出现异常。

4）隔离并检修故障设备。

7. 转子初始位置检测故障

（1）故障现象。

1）监控上位机报转子初始位置检测故障。

2）SFC 系统人机界面显示转子初始位置检测故障。

（2）原因分析。

1）励磁系统启励磁异常。

2）逆变桥电压测量回路故障。

（3）故障处理。

1）检查励磁系统启动是否正常，励磁电流上升速率有无明显异常变化。

2）检查机桥磁通是否满足转子位置检测门槛。

3）检查逆变桥电压是否正常，电压测量回路是否正常，电压互感器及熔丝是否故障。

4）隔离并检修故障设备。

8. 整流桥低电压保护动作

（1）故障现象。

1）监控上位机报 SFC 保护动作。

2）SFC 系统人机界面显示整流桥低电压保护动作。

（2）原因分析。

1）电压互感器或熔丝故障。

2）整流桥电压测量回路故障。

（3）故障处理。

1）查看保护装置动作是否正确。

2）检查 SFC 输入变压器高、低压侧以及 SFC 本体一次设备是否存在短路、接地现象。

3）检查整流桥电压是否正常，电压测量回路是否正常，电压互感器及熔丝是否故障。

4）隔离并检修故障设备。

9. 去离子水泵故障

（1）故障现象。

1）监控上位机报去离子水泵故障。

2）SFC 系统人机界面显示去离子水泵故障。

（2）原因分析。

1）去离子水泵电源故障。

2）去离子水泵本体故障。

3）去离子水泵报警回路故障。

（3）故障处理。

1）检查去离子水泵电源是否偷跳，若偷跳将空气断路器合闸，检查备用水泵是否正常投入，控制方式是否在"自动"方式。

2）检查去离子水泵本体是否故障。

3）检查去离子水泵二次回路是否故障，是否误报警。

4）隔离并检修故障设备。

10. 风机故障

（1）故障现象。

1）监控上位机报 SFC 冷却风机故障。

2）SFC 系统人机界面显示风机故障。

（2）原因分析。

1）风机电源跳闸。

2）风机本体故障。

3）风机启动回路、监测回路故障。

（3）故障处理。

1）检查风机电源是否偷跳，若偷跳将空气断路器合闸。

2）检查风机本体是否故障。

3）检查风机二次回路是否故障，是否误报警。

4）隔离并检修故障设备。

11. 电抗器温度高跳闸

（1）故障现象。

1）监控上位机报 SFC 故障跳闸动作。

2）SFC 系统人机界面显示电抗器温度高跳闸。

（2）原因分析。

1）电抗器柜内温度超过定值。

2）温度传感器测量错误或回路故障。

3）温度定值设置不合理。

（3）故障处理。

1）检查 SFC 运行情况，检查 SFC 系统整流桥 / 逆变桥电流大小。

2）检查温度传感器运行是否正常，二次回路是否故障，是否误报警。

3）检查温度定值设置是否合理。

4）隔离并检修故障设备。

12. 磁通保护动作

（1）故障现象。

1）监控上位机报 SFC 保护动作。

2）SFC 系统人机界面显示磁通保护动作。

（2）原因分析。

1）励磁电流测量通道异常。

2）机侧电压测量通道异常。

3）SFC 控制器励磁控制模块异常。

4）励磁系统异常。

（3）故障处理。

1）检查励磁电流测量通道是否正常。

2）检查 SFC 控制器励磁控制模块运行是否正常。

3）检查机侧电压测量通道运行是否正常。

4）检查励磁系统，通过查看装置动作录波，定位故障原因。

5）隔离并检修故障设备。

13. TV 断线动作

（1）故障现象。

1）监控上位机报 SFC 系统 TV 断线动作。

2）SFC 系统人机界面显示 TV 断线动作。

（2）原因分析。

1）一次设备故障，如熔丝熔断、TV 损坏等。

2）电压二次测量回路断线。

3）控制单元电压测量板卡故障。

（3）故障处理。

1）检查一次设备情况，检查 TV 是否正常，熔丝是否熔断。

2）检查电压二次测量回路是否断线、端子接线是否紧固。

3）检查控制单元电压测量板卡运行是否正常。

4）隔离并检修故障设备。

14. 电机感应电压异常

（1）故障现象。

1）监控上位机报 SFC 拖动故障。

2）SFC 系统人机界面显示电机感应电压异常。

（2）原因分析。

1）机端感应电压测量 TV 故障，测量通道断线。

2）机端电压测量板卡异常。

3）励磁控制环节异常。

（3）故障处理。

1）检查测量 TV 一次设备情况，检查 TV 是否正常，熔丝是否熔断。

2）检查电压二次测量回路是否断线、端子接线是否紧固。

3）检查感应电压测量板卡是否故障。

4）检查 SFC 的励磁控制环节，检查励磁系统运行是否正常。

5）必要时调整感应电压异常检测阈值。

6）隔离并检修故障设备。

思　考　题

1. SFC 常见的系统结构有哪几种？请分别说明其特征谐波。

2. 说明负载换相的原理。

3. 同步电机 SFC 启动和背靠背启动有哪些不同特点？

4. 简述 SFC 正常启停流程。

5. SFC 拖动过程中转子初始位置是如何测量的？

6. 去离子水循环回路过滤器阻塞后对 SFC 运行有哪些影响？

7. 膨胀水箱补气前准备工作有哪些？

8. SFC 检修项目有哪些？周期一般是怎样的？

9. SFC 设备检修有哪些注意事项？

10. SFC 系统试验类型有哪几种？

11. SFC 控制器定期试验主要项目有哪些？

12. SFC 整流桥 / 逆变桥定期试验主要项目有哪些？

13. SFC 系统故障处理原则及注意事项主要有哪些？

14. SFC 系统常见故障类型有哪些？

15. SFC 系统故障处理的基本步骤有哪些？

第五章　直流系统

本章概述

本章的主要内容包括直流系统的定义、直流系统的组成、直流相关的基本原理、直流系统运检相关事项等部分。通过本章的学习，读者可以对直流系统及其日常工作相关注意事项有较为全面的认识。

学习目标

学习目标	
知识目标	1. 熟悉直流系统的设备组成。 2. 掌握直流系统的充电方式。 3. 掌握直流系统的作用及运行方式。 4. 熟悉直流系统设备的巡检要点。 5. 熟悉直流系统设备的操作原则。 6. 了解直流系统日常维护和试验检测项目要求。
技能目标	1. 能够进行直流系统设备巡检。 2. 能够拟写直流系统操作票。

第一节　直流系统设备概述及工作原理

一、直流系统设备概述

直流系统是抽水蓄能电站重要的一部分，它能保证在事故情况下可靠和不间断地向其用电设备供电。电站的直流系统主要用于对开关电器的远距离操作，以及信号设备、继电保护、自动装置和其他一些重要的直流负荷（如推力轴承直流注油泵、事故照明和不间断电源等）的供电。

目前电站都采用蓄电池组作为直流电源，蓄电池组是一种独立可靠的电源，它在电站内发生事故，甚至在全厂交流电源都停电的情况下，仍能保证直流系统中的用电设备可靠且连续的工作。

直流系统在电站中占有重要的位置。如果直流系统发生故障，往往会造成很大面积的影响，甚至可能造成全厂停机、停电。

直流系统的接线方式直接影响到系统的运行可靠性，因此其选择的基本原则为安全可靠、简单清晰、操作方便。根据接线方式，直流系统可分为双母线、单母线和单母线分段等接线方式。

考虑到抽水蓄能电站具有抽水、抽水调相和发电多种运行方式，担负电网调峰、调频作用，且工况转换频繁，因而其直流系统需保证高度的可靠性。根据用电负荷的要求，抽水蓄能电站直流系统一般设有 220、110、48、24V 等多个电压等级。

二、直流系统设备工作原理

抽水蓄能电站直流系统主要由蓄电池组、充电装置、直流馈电回路、绝缘监测装置等组成。

（一）蓄电池组

蓄电池是储存直流电能的一种设备，它能把电能转变为化学能储存起来（充电），使用时再把化学能转变为电能（放电）供给直流负荷，其变换的过程是可逆的，且可反复使用。在放电时，电流流出的电极称为正极或阳极，以"+"表示；电流经过外电路之后，返回电池的电极称为负极或阴极，以"−"表示。

根据电极或电解液所用物质的不同，蓄电池一般可分为铅酸电池和碱性电池两种。其中阀控式铅酸蓄电池（VRLAB）采用了阴极吸收技术，电池可以密封，在运行中无须加水，以其全密封、免维护、不污染环境、可靠性较高、安装方便等一系列的优点被广泛应用于抽水蓄能电站。

蓄电池的容量是蓄电池电能的主要指标，单位用"A·h"来表示，其容量是蓄电池以恒定电流放电到某一最低允许电压的过程中，放电电流与放电时间的乘积。

（二）充电装置

充电装置主要由集中监控单元、交流配电单元、充电模块、电池巡检装置、硅堆降压单元、配电监控单元等组成，直流电源系统可以与电站监控系统通信，实现无人值守。

1. 集中监控模块

集中监控单元是直流系统的控制、管理中心，具备"四遥"功能，可使电源系统实现无人值守。

监控模块通过对采集数据的分析和判断，能自动完成对蓄电池组充电的均充/浮充转换和温度补偿控制，以保证电池的正常充电，最大限度地延长电池的使用寿命。

2. 交流配电单元

交流配电单元将交流电源引入并分配给各个充电模块，扩展功能为实现两路交流输入的自动切换。

3. 充电模块

充电模块完成交流/直流（AC/DC）变换，实现系统最基本的功能，其配有过电流、过电压、欠电压、过热等保护。

充电模块内部设置有充电监控单元，能接受集中监控模块的控制指令，调节整流模块的输出电压，实现对蓄电池组的限流恒压充电和均充/浮充自动转换，同时上传整流模块的故障信号。

在集中监控模块故障退出的情况下，由于充电模块本身具有CPU，充电模块也可以脱离监控模块独立运行，按预先设定的浮/充电压值继续对蓄电池组充电。

充电模块有四种充电模式：浮充、均充、恒流充电、限流恒压充电。

（1）浮充。浮充电运行是指在充电装置的直流输出端始终并接着蓄电池和负载，并以恒压充电方式工作。正常运行时，充电装置在承担经常性负荷的同时向蓄电池补充充电，以补偿蓄电池的自放电，使蓄电池组以满容量的状态处于备用。

（2）均充。为补偿蓄电池在使用过程中产生的电压不均匀现象，使其恢复到规定的电压范围内而进行的充电方式称为均充。

（3）恒流充电。在充电过程中维持充电电流恒定的充电方式称为恒流充电。

（4）限流恒压充电。在充电过程中限制电流，并使电压维持在恒定值的充电方式称为限流恒压充电。

4. 电池巡检装置

电池巡检装置实时在线监测蓄电池组的单体电压，当单体电池的电压超过设定的告警电压值时，发出单体电压异常信号。该装置为电站的运行维护人员随时了解蓄电池组的运行状况提供方便。

直流系统的电池巡检装置由电池电压巡检和内阻巡检两部分组成。电池巡检还具备温度监测功能，可将信息上传到电源监控装置，进行数据处理。

5. 硅堆降压单元

根据蓄电池组输出电压的变化自动调节串入降压硅堆（串联二极管）的数量，使直流控制母线的电压稳定在规定的范围内。当提高蓄电池组的容量，减少单体串联的个数时，可以取消硅堆降压单元，达到简化系统接线、提高可靠性的目的。

6. 配电监控单元

配电监控单元采集系统中交流配电、整流装置、蓄电池组、直流母线和馈电回路的电压、电流运行参数，以及状态和告警信号，上传到集中监控模块进行运行参数显示和信号处理。

（三）直流馈电回路

直流馈电回路用于将母线的直流电源通过各馈电开关输送到各级动力和控制负荷。

对于负荷多、容量大的直流系统，除在直流配电室设置有主配电屏外，通常还分别在现地设备单元配置分配电屏，由分配电屏向下一级控制设备提供电源。直流回路上各级熔断器、空气小断路器的容量要满足选择性的要求，避免在故障或事故发生时出现越级跳闸，造成事故范围扩大。

（四）绝缘监测装置

绝缘监测装置是直流操作电源系统不可缺少的组成部分，用于在线监测直流系统的正/负极对地的绝缘水平。

抽水蓄能电站内的直流供电网络分布到电站的各个设备处，支路纵横交错，发生接地的概率很高。直流系统是正/负极对地浮空的，当系统出现一点接地（正负极直接接地或对地绝缘性能降低）时，虽能正常工作，但当恶化出现第二点接地时，则可能造成信号装置、控制回路和继电保护装置误动作，甚至造成直流正/负极短路，从而引发严重的电力事故。因此，直流系统对地应有良好的绝缘性能，必须对其进行实时的在线监测，当某一点出现接地故障时，立即发出告警信号，需要查找并排除接地故障，从而杜绝直流系统接地可能引起的事故。直流系统的绝缘检测由母线绝缘检测和支路绝缘检测组成。

（五）直流系统运行方式

直流系统在抽水蓄能电站中占有十分重要的地位，必须确保蓄电池组时刻在充满电的状态，采取合理的运行接线方式，保证安全可靠运行。

1. 正常运行方式

（1）双母线直流系统：正常运行时双母线分段运行，并各自接有一组蓄电池和一组充电装置，任一段母线故障时不影响另一段母线的运行；其两组充电装置的电源应尽可能取自不同的交流电源，以防止两组充电装置同时失电。

（2）单母接线直流系统：正常运行时母线带一组蓄电池和一组充电装置运行。

（3）充电装置和蓄电池组正常运行时应以浮充方式充电。

2. 异常运行方式

（1）若充电装置的交流电源丢失，直流系统母线的负荷将由蓄电池供电。

（2）双母线直流系统，如果某组蓄电池故障或需进行核对性充放电试验，需退出运行时，一般将蓄电池所在母线的联络断路器合上，由另一段母线供电，以保证该组蓄电池所在的母线不停电，此时该母线上的充电装置也应退出运行。

第二节　直流系统设备运检

一、直流系统设备巡检

直流系统设备巡检分为日常巡检和特殊巡视。

（一）日常巡检项目

1. 充电屏

（1）充电屏上交流输入电压、蓄电池组电压、合闸母线电压、控制母线电压、蓄电池浮充电流、充电机输出电流等表计指示在正常范围内。

（2）控制母线调压硅链工作正常，有"手动／自动"切换时，正常运行时转换开关置于"自动"位置，装置处于自动调压状态。

（3）各充电模块"运行"灯亮，故障灯灭，通信正常，风冷装置运行正常。

（4）各保护信号正常，无告警信号。

（5）模块输出电压基本一致，各模块电源均衡。

（6）运行无异常声音。

（7）各开关状态符合运行方式，设备外观正常，无异响、异味、过热，无氧化、放电痕迹。

（8）各装置双重名称与图纸等资料一致。

2. 联络屏

（1）监测装置（包括集中监控装置及绝缘监测装置）运行正常，无报警。

（2）直流母线的电压值在正常范围内。

（3）蓄电池进线、充电进线和浮充电的电流正常。

（4）监测单元的运行方式正确，运行无异常声音。

（5）正对地和负对地的绝缘状态良好。

（6）集中监控装置指示灯正常；绝缘监测装置指示灯正常；液晶显示屏正常。

（7）各装置双重名称与图纸等资料一致。

3. 配电屏

（1）各支路的运行监视信号完好、指示灯正常，空气断路器位置正常。

（2）各装置双重名称与图纸等资料一致。

（3）配电屏上所有小开关状态正常，设备外观正常，无异音、异味、过热，无氧化、放电痕迹。

4. 蓄电池室

（1）蓄电池组巡检仪运行正常，无报警。

（2）通风空调运行正常、温湿度正常。

（3）蓄电池外观完整无破裂，表面清洁，无异味、漏液。

（4）各电池端压板及电缆接头连接牢固，接触良好。

（5）蓄电池及台架无污迹，无异常发热。

（二）特殊巡视原则

直流系统在以下情况时应进行特殊巡视：

（1）新安装、检修、改造后的直流系统投运后，应进行有针对性的特殊巡视。

（2）蓄电池组进行核对性充放电期间应进行特殊巡视。

（3）直流系统出现交、直流失电压，直流接地、熔断器熔断等异常现象处理后，应进行特殊巡视。

（4）出现自动空气断路器脱扣、熔断器熔断等异常现象后，应巡视保护范围内各直流回路元件有无过热、损坏和明显的故障现象。

（三）注意事项

（1）蓄电池组浮充电时，严格控制单体电池的浮充电压上、下限，防止蓄电池因充电电压过高或过低而损坏。

（2）浮充电运行的蓄电池组，应严格控制蓄电池室环境温度不能长期超过30℃，防止因环境温度过高使蓄电池容量严重下降，运行寿命缩短。

（3）改变直流系统运行方式的各项操作必须严格按现场规程规定执行。

（4）直流母线在正常运行和改变运行方式的操作中，严禁脱开蓄电池组。

（5）各直流系统蓄电池不允许并列运行。为了保证直流母线切换过程中直流负荷不停电，对于相同充电运行方式下的充电装置允许短时间并列运行。

二、直流系统设备操作

（一）直流系统设备操作原则

（1）倒闸操作过程中应保证直流电源系统母线不间断供电。

（2）不应在直流系统存在接地故障、告警和严重缺陷的情况下进行倒闸操作。

（3）倒闸操作应在浮充电运行方式下进行。

（4）倒闸操作过程中允许两组蓄电池短时并联运行。

（5）站用直流电源系统运行时，禁止蓄电池组脱离直流母线。

（二）直流系统设备操作注意事项

（1）倒闸操作前应检查两组充电装置的母线电压、负荷电流。两段直流母线并列运行的倒闸操作前应保证两段母线电压极性一致，电压差宜小于2V，不应超过5V，电压差超过5V，则需调整母线电压。

（2）倒闸至一台充电机带两段母线运行过程中，合上联络断路器（隔离开关）后，当一台充电机退出运行后，应检查两段母线的负荷电流都已转换至运行的充电机，并检查两段母线电压一致。检查正常后，才可退出相应的蓄电池组。

（3）倒闸操作过程中，应监视直流电源设备工作正常、表计显示正确、无故障信号及告警信号，如出现异常应停止操作，待查明原因后方可继续操作。

（4）充电装置在检修结束恢复运行时，应先合交流侧断路器，再合直流侧断路器。

（5）直流熔断器或直流断路器故障需更换时，宜采用同厂家、同型号产品，且应注意熔断体额定电流、直流断路器额定值、极性、电源端接线正确，防止因其不正确动作而扩大事故。

（6）机组运行期间，不宜进行直流系统倒闸操作。

三、直流系统设备典型事故处理

（一）蓄电池着火

1. 故障现象

蓄电池着火、冒烟。

2. 原因分析

（1）蓄电池电解液渗漏导致单体电池之间电压不均衡，在充、放电过程中发生击穿现象导致火灾。

（2）蓄电池内部接线柱、同极的连接片以及电极接头的腐蚀导致极板短路发生火灾。

（3）蓄电池由于短路或其他原因而引起着火。

3. 处理过程

（1）手动切断交、直流电源，以及电池开关、控制开关。

（2）用四氯化碳灭火器或干粉灭火器灭火。

（二）充电装置故障

1. 故障现象

（1）充电机故障保护动作，装置自动切断整流器交流输入电源。

（2）"故障指示灯亮"蜂鸣器报警。

2. 原因分析

（1）充电机整流桥电压高于限值。

（2）充电机整流桥电压低于限值。

（3）充电机输出电流过大造成过载。

（4）充电机输出端负载短路。

3. 处理过程

（1）按下触摸屏上"报警复位"按钮，蜂鸣器停止报警，整流器重新软启动。

（2）缓慢建立电压至整定值，若故障还没有排除，及时通知维护人员检查修理。

（三）直流系统接地或绝缘降低

1. 故障现象

（1）中控室监控系统语音报警。

（2）监控系统发相应直流系统接地或绝缘降低报警信号。

2. 原因分析

直流系统存在绝缘性能降低或接地点。

3. 处理过程

（1）现地检查绝缘检测装置报警情况。

（2）根据报警信息检查相应支路，查找接地点。

（3）若站内二次回路上有工作，或有设备检修试验，应立即停止，看信号是否消除。

（4）缩小查找范围，将直流系统分成几个不相联系的部分。

（5）对于不太重要的直流负荷及不能转移的分路，利用"瞬时停电"的方法，查该分路中所带回路有无接地故障。

（6）对于重要的直流负荷，用转移负荷法（即将发生接地的系统各个回路逐回短时切换到另一电压相同的正常直流回路中，观察接地现象是否随着转移，以判断该回路是否接地）查该分路内各回路有无接地故障。

四、直流系统设备日常维护

直流系统设备日常维护主要是依据规程规范要求，结合设备的日常运行情况及其运行环境进行的维护工作，直流系统设备日常维护项目主要有：

（1）蓄电池外表、极柱、连接条清洁、紧固。

（2）蓄电池室地面及门窗清洁。

（3）蓄电池室照明及通风等设备检查。

（4）蓄电池外壳、连接条温度测试。

（5）单体蓄电池电压测试。

（6）蓄电池内阻和连接条电阻测试。

（7）检查各充电模块输出电流、直流总负荷电流、蓄电池浮充电流指示。

（8）检查蓄电池组出口熔断器。

（9）检查微机监控装置。

（10）检查柜内端子、导线接头无明显过热、松动现象。

（11）检查监控装置显示值。

（12）检查监控装置与计算机监控的通信。

（13）盘柜内部设备清扫。

五、直流系统设备检修

直流系统设备检修包括蓄电池组整体更换、蓄电池组单体更换、蓄电池电压采集单元熔丝更换、充电屏整体更换、充电模块单体更换、直流屏（柜）整体更换、直流屏指示灯更换、集中监控装置或绝缘监测装置更换等检修项目。

（一）蓄电池组整体更换

1. 安全注意事项

（1）现场应无可燃或爆炸性气体、液体。

（2）现场严禁烟火，做好消防措施，保持通风良好，并应配置足够数量的防护用品。

（3）不能造成直流短路、接地；不能造成误动、误碰运行设备。

（4）严格控制充放电电流和监视各节蓄电池端电压，符合相关规程要求。

（5）更换过程中使用绝缘或采取绝缘包扎措施的工具。

2. 关键工艺质量控制

（1）单体蓄电池内阻测试值应与蓄电池组内阻平均值比较，允许偏差范围为 ±10%。

（2）调整运行方式：两段直流母线，两组蓄电池并列运行，将更换的蓄电池组退出直流系统；单组蓄电池，核对临时蓄电池组与运行中直流母线极性保持一致，相互电压差不大于5V，临时蓄电池组要保持满容量。

（3）蓄电池放置的平台、支架及间距应符合设计要求。蓄电池应安装平稳，间距均匀，排列整齐；蓄电池间距不小于 15mm，蓄电池与上层隔板间距不小于 150mm。

（4）连接条及蓄电池极柱接线正确，螺栓紧固。蓄电池及电缆引出线要标明序号和正、负极性。蓄电池遥测、遥信回路试验正确。

（5）绝缘电阻测试结果应符合以下规定：柜内直流汇流排和电压小母线，在断开所有其他连接支路时，对地的绝缘电阻应不小于 10MΩ；蓄电池组的绝缘电阻：电压为 220V 的蓄电池组不小于 500kΩ；电压为 110V 的蓄电池组不小于 300kΩ。

（6）接入蓄电池巡视仪，检查每只蓄电池单体电压采集正常；对新蓄电池组进行核对性充放电，容量应达到额定容量的 100%。新蓄电池组投入运行，确保极性正确。

（7）阀控蓄电池组在同一层或同一台上的蓄电池间宜采用有绝缘的或有护套的连接条连接，不同层或不同台上的蓄电池间采用电缆连接。大容量的阀控蓄电池宜安装在专用蓄电池室内。容量在 300Ah 以下的阀控蓄电池，可安装在电池柜内。应设有专用的蓄电池放电回路，其直流空气断路器容量应满足蓄电池容量要求。阀控蓄电池的浮充电电压值应随环境温度变化而修正，其基准温度为 25℃，修正值为 ±1℃时，电压为 3mV。两组蓄电池的直流系统应采用母线分段运行方式，每段母线应分别采用独立的蓄电池组供电，并在两段直流母线之间设联络断路器或隔离开关。两组蓄电池的直流电源系统，其接线方式应满足切换操作时直流母线始终连接蓄电池运行的要求。

（二）蓄电池组单体检修

1. 安全注意事项

（1）严禁造成直流接地、短路。

（2）使用绝缘工具，不能造成人身触电。

（3）严禁造成蓄电池组开路。

2. 关键工艺质量控制

（1）蓄电池更换装置正确接在待处理蓄电池的两端。

（2）应保证蓄电池更换装置的接线端子牢固无松动脱落。

（3）拆下连接片的腐蚀部分进行打磨处理。

（4）对有爬酸、爬碱蓄电池的极柱端子用刷子进行清扫。

（5）蓄电池极柱端子连接片应确保已紧固完好。

（6）蓄电池采集线应紧固无松动脱落。

（三）蓄电池电压采集单元熔丝更换

1. 安全注意事项

（1）严禁造成直流接地、短路。

（2）使用绝缘工具，不能造成人身触电。

2. 关键工艺质量控制

（1）更换熔丝前，应使用万用表对更换熔丝的蓄电池单体电压测试，确认蓄电池电压正常。

（2）更换熔丝取出后，应使用万用表的电阻挡测试熔丝良好，是否由于连接弹簧或垫片接触不良造成电压无法采集。

（3）更换中应注意不要将连接弹簧和垫片遗失。

（4）旋开熔丝管时不得过度旋转，以防连接导线过度扭曲而造成断裂。

（5）更换的熔丝应与原熔丝型号、参数一致。

（6）对与电池接线端子连接在一起的蓄电池电压采集电子式熔丝，需将蓄电池接线端子打开才可进行的更换作业，作业前需将蓄电池做好防开路措施后，方可进行。

（四）充电屏整体更换

1. 安全注意事项

（1）屏柜装卸、安装过程中做好严防屏柜倾倒、人员受伤的措施。

（2）使用绝缘工具，带电拆除电缆要做好绝缘措施，严防人身触电。

2. 关键工艺质量控制

（1）退屏前对单套充电装置应校验临时充电机直流输出与运行直流母线极性一致，电压差不大于 5V。

（2）退屏前对双套充电装置应改变直流系统运行方式，两段母线并列运行后退出需更换的充电装置。

（3）拆除需更换的充电装置交、直流电缆需做好标记；固定新充电装置后，屏柜之间水平倾斜度、垂直倾斜度均应符合要求。

（4）检查更换的充电装置交、直流回路绝缘正常（1000V 绝缘电阻表检查交流回路－地、交流回路－直流输出回路、直流输出－地之间绝缘电阻不小于 $10M\Omega$）。

（5）对新更换充电装置稳压、稳流、纹波、报警等功能试验正常（稳压精度不超过 ±0.5%、稳流精度不超过 ±1%、纹波系数不超过 0.5%）。

（6）投新屏前对单套充电装置应校验直流输出与运行直流母线极性一致，电压差不大于 5V；投新屏前对双套充电装置应校验直流输出与运行直流母线极性一致，电压差不大于 5V，并恢复直流系统正常运行方式。

（7）每台充电装置两路交流输入（分别来自不同站用电源）互为备用，当运行的交流输入失去时能自动切换到备用交流输入供电。

（8）高频开关电源模块应满足 $N+1$ 配置，并联运行方式，模块总数宜不小于3块。可带电插拔更换、软启动、软停止。

（五）充电模块单体更换

1. 安全注意事项

（1）严禁造成交、直流短路和直流接地。

（2）严禁造成极性接错。

（3）操作时，使用绝缘工具，防止造成人身触电。

2. 关键工艺质量控制

（1）拆除故障充电机模块前，应先将该模块设置退出，并拉开该模块的交流输入断路器。

（2）更换新模块后应设置模块通信地址正确，合上交流输入断路器。

（3）检查直流充电模块运行正常。

（六）直流屏（柜）整体更换

1. 安全注意事项

（1）严禁造成直流短路、接地。

（2）严禁直流母线失电压，造成系统事故。

（3）使用绝缘工具，不能造成人身触电。

（4）严禁造成极性接错。

2. 关键工艺质量控制

（1）对直流临时屏上的直流断路器使用要正确，确保安全供电。

（2）拆接各直流电缆，应认真核对并做好标记，恢复时正、负极不得接错。

（3）严禁直流屏倾斜压坏运行电缆。

（4）电缆应固定牢固，拖拽电缆时造成电缆外护层损伤和电缆过分弯曲会造成电缆内部损坏。

（5）电缆排列整齐，电缆放好后要悬挂标示牌。

（6）允许停电的支路，应停电转接；不允许停电的支路，应带电搭接。

（7）各直流断路器应及时做好标志。

（8）柜内母线、引线应采取硅橡胶热缩或其他防止短路的绝缘防护措施。

（七）直流屏指示灯更换

1. 安全注意事项

（1）工作中应使用经绝缘包扎的工器具。

（2）严禁造成直流短路、接地。

（3）严禁造成极性接错。

2. 关键工艺质量控制

（1）更换指示灯前，应先用万用表测试指示灯两端的电压是否正常。

（2）更换指示灯不得断开直流断路器。

（3）拆开的电源线应立即包扎并做好标记。

（4）工作中所有拆开的电源接线应拆除一根包扎一根。

（5）更换指示灯后，检查指示灯工作状态应正常。

（八）集中监控装置或绝缘监测装置更换

1. 安全注意事项

（1）更换时避开主设备运行阶段，避免因更换仪器影响直流系统的正常运行。

（2）更换过程中注意痕迹化处理，采用拍照等形式将接线位置进行标记。

（3）更换过程严禁接线错误。

（4）更换过程中使用绝缘工器具，防止造成触电。

（5）更换的设备与其他直流设备通信、监管控制上不存在弊病。

2. 关键工艺质量控制

（1）装置更换后，定值与原设备保持一致，防止定值错误，造成误报警。

（2）安装牢靠、固定，避免设备运行时出现掉落等问题。

（3）金属外壳应有效接地。

（4）检查装置运行正常，并在试运期密切关注。

（5）必要时进行信号核对，防止信号上送监控系统存在问题。

（6）工作中所有拆开的电源接线应拆除一根包扎一根。

六、直流系统设备试验检测

直流系统设备试验检测包含移交试验及周期性试验。直流系统设备移交试验、周期性试验项目清单分别见表 5-2-1、表 5-2-2。

表 5-2-1　　　　　　　　直流系统设备移交试验项目清单

序号	检查项目	工艺标准
1	绝缘电阻测量	1）直流电源装置的直流母线及各支路，用 1000V 绝缘电阻表测量时，对地的绝缘电阻应大于 10MΩ。 2）220V 直流系统，蓄电池组对地绝缘电阻应大于 0.5MΩ；110V 直流系统，蓄电池组对地绝缘电阻应大于 0.3MΩ
2	工频、冲击耐压试验	直流母线及各支路，有电压为 2.0kV、1min 的工频耐压试验及电压为 5kV 冲击耐压试验的出厂记录，无绝缘击穿和闪络现象
3	蓄电池（组）容量检测	1）采用全核对性放电，即用 I_{10} 电流对蓄电池组进行恒流放电，新安装蓄电池组在三次充放电循环之内，仍达不到额定容量的 100%，此组蓄电池为不合格。放电曲线与厂家提供的放电曲线一致。 2）阀控蓄电池放电电压应符合以下要求：额定电压 2V，放电终止电压 1.8V；额定电压 6V，放电终止电压 5.4V；额定电压 12V，放电终止电压 10.8V

续表

序号	检查项目	工艺标准
4	蓄电池组内阻测量	1）单个蓄电池内阻值与出厂内阻基准值偏差不宜超过 ±10%。 2）蓄电池端子应连接合格，螺栓紧固时，宜用力矩扳手，力矩值应符合产品技术文件要求。 3）充放电时回路连接端子、蓄电池连接片及蓄电池本体不应有异常发热现象
5	蓄电池组端电压测量	蓄电池端电压检查：阀控式蓄电池在浮充运行中电压偏差值及开路状态下最大最小电压差值应满足 Q/GDW 11459—2015《国家电网公司水电站直流系统运行维护导则》中表 2 的规定，新安装蓄电池组中不合格电池的数量达到或超过整组数量的 5% 时应整组更换
6	充电装置稳压精度试验	充电装置稳压精度不应大于 ±0.5%
7	充电装置稳流精度试验	充电装置稳流精度不应大于 ±1%
8	充电装置纹波系数试验	直流母线纹波系数不应大于 0.5%
9	充电装置并机均流试验	高频开关电源模块并机工作时，各模块承受的电流应做到自动均分负载，负载不小于额定值 50% 时，其均流不平衡度不应大于 ±5%。将 $N+1$ 并列运行的任一个充电模块退出运行，所带负荷应能均分至其他的充电模块
10	充电装置自动切换试验	将充电装置两段独立的交流电源中任一路电源中断供电，充电装置应运行正常
11	限流及限压特性试验	充电电源模块输出电流为额定电流的 105%～110% 时，应具有限流限压保护功能
12	微机控制装置试验	控制程序检查：启动补充（均衡）充电程序后，装置首先用 I_{10} 电流进行恒流限电，当蓄电池组端电压上升到限压值时，自动转为恒压限流充电。在恒压充电下，充电电流逐渐减少，当充电电流减少至 0.1 I_{10} 电流时，充电装置的倒计时开始起动，并维持到整定的倒计时结束，充电装置自动转为正常的浮充电方式运行
13	绝缘监测装置试验	1）检查绝缘监测装置报警值整定正确：220V 系统为 25kΩ，110V 系统为 15kΩ。 2）检测绝缘监测装置两极同时接地报警正确。 3）分别模拟直流母线正极、负极经电阻接地，绝缘监测装置应正确发出告警信号并显示电阻值正确。 4）分别模拟直流馈线支路正极或负极经电阻接地，绝缘监测装置应正确发告警信号并显示接地极性、接地支路和接地电阻值正确。 5）在系统存在接地点的情况下，按下绝缘监测装置复位键，检查绝缘监测装置信号报警及选线功能正常。 6）有直流馈线分屏时，应对直流馈线主屏及分屏分别进行试验，绝缘监测装置均应正确发出告警信号并显示接地极性、接地支路和接地电阻值正确。 7）绝缘监测装置应具有"交流窜入"及"直流互窜"的测记，选线和告警功能
14	遥信遥测遥控功能试验	1）控制中心通过遥信、遥测、遥控通信接口，监测和控制现地正在运行的直流电源装置。 2）遥信内容：直流母线电压过高或过低、直流母线接地、充电装置故障、直流绝缘监测装置故障、蓄电池熔断器熔断、断路器脱扣、交流电源电压异常等。 3）遥测内容：直流母线电压及电流值、蓄电池端电压值、蓄电池分组或单体蓄电池电压、充放电流值等参数。 4）遥控内容：直流电源充电装置的开机、停机、运行方式切换等

续表

序号	检查项目	工艺标准
15	空气断路器特性试验	1）检查各种型号的直流空气断路器均有动作电流和安秒特性曲线图。 2）检查并核算上下级直流空气断路器动作电流及级差配合特性，无越级跳闸的隐患
16	直流母线连续供电试验	1）交流电源突然中断，直流母线应连续供电，电压波动不应大于额定电压的10%。 2）直流母线联络断路器在投切过程中应无失电压现象
17	控制母线电压调节试验	1）在装有硅链调压或其他调压装置的直流屏柜中，进行手动调压和自动调压试验，应严格按设计技术要求进行。 2）在调节过程中或调压装置故障时，控制母线应连续供电。 3）硅链调压装置应有开路告警功能
18	蓄电池巡检模块功能试验	1）用经校准的四位半数字电压表测量单体电池电压数据与集中监控器上显示的单体电池电压数据误差不宜超过 ±0.05V。 2）蓄电池环境温度检测误差不宜超过 ±1.5℃
19	表计试验	直流电压表、电流表精度不低于 1.5 级，数字显示表精度不低于 1.0 级

表 5-2-2　　　　　直流系统设备周期性试验项目清单

序号	项目	周期	工艺标准
1	蓄电池内阻和连接条电阻测试	6 月	内阻偏差小于出厂基准值或平均值的 ±10%，在 $3I_{10}$ 下连接条电压降应小于 8mV
2	阀控蓄电池组容量核对试验	新安装蓄电池 2 年，运行 4 年后 1 年	阀控蓄电池组三次充放电循环之后达不到额定容量的 80%，此组蓄电池为不合格
3	充电装置两路交流电源定期切换试验	6 月	拉路法检查正常后恢复正常运行方式
4	备用充电装置定期投入切换试验	6 月	备用充电装置投入运行时间不应小于 1h，或实行定期轮换制度
5	充电装置稳压稳流精度及纹波系数测量试验	3～5 年	稳流精度：高频开关模块型充电装置，稳流精度应不大于 ±1%。 稳压精度：高频开关模块型充电装置，稳压精度应不大于 ±0.5%。 纹波系数范围：高频开关模块型充电装置，纹波系数应不大于 0.5%
6	直流绝缘电阻监测及信号报警试验	1 年	绝缘电阻告警值参数：额定电压为 220V 的系统，母线整定 25kΩ，支路整定为 50kΩ；额定电压为 110V 的系统，整定 15kΩ，支路整定为 30kΩ
7	直流系统空气断路器及熔断器配置检查	1～2 年	1）各级熔断器、直流断路器能保证级差合理配合。 2）直流系统用断路器应采用具有自动脱扣功能的直流断路器，严禁采用交流断路器
8	表计试验	2 年	直流电压表、电流表精度不低于 1.5 级，数字显示表精度不低于 1.0 级

七、直流系统设备典型案例及分析

1. 案例详情

直流系统 I 段母线电压降低导致机组跳机。

2. 故障现象

故障前 1 号机组 B 级检修，2 号机组停机备用，3、4 号机组分别发电工况带负荷 150MW 运行。副厂房直流系统分段运行，1 组蓄电池组在隔离状态。×× 年 ×× 月 ×× 日，副厂房直流系统 1 号蓄电池组进行核对性充放电试验，试验完成后发现结果不符合要求，计划采用直流系统 3 号充电装置对 1 组蓄电池组进行充电。3 号充电装置向 1 组蓄电池组充电时，1 号充电盘显示输出电压骤降至 110V，导致合闸母线电压骤降。3、4 号机组调速器控制电源监视继电器失电，3、4 号机组跳机。直流系统 1 号充电柜内监控装置显示"合母欠压"和"控母欠压"。

3. 原因分析

（1）系统概述。地下副厂房直流系统设置有三套充电装置，其中 3 号充电装置作为备用；1、2 号充电装置分别配备有两段母线，每段母线分合闸母线、控制母线，控制母线由合闸母线经自动调压装置减压后供电；I 段及 II 段母线各配置一套高频电源模块和蓄电池组。

1 号充电装置和 3 号充电装置的监控充电装置中电池充电电流设置值为 120A，均充电压设置值为 240V，浮充电压设置值为 230V。

1 号主馈线柜与 1 组蓄电池脱离电气连接（1DZ1 投主馈线柜位），且 1 号主馈线柜与 2 号主馈线柜的联络断路器没合（即 1DZ2 切位）。此时，1 号充电装置输出电流约为 36A，电压为 230V。柜体仪表显示正常。

1CT2、3CT2 两个电流霍尔传感器提供电池电流采集信号给 1、3 号微机监控装置（1EK、3EK）。事故前，由于电池电流为 0A，在两个监控界面显示电池电流也为 0A。1CT1、2CT1、3CT1 只用于充电机输出电流显示，不参与控制。

结合图纸及模拟试验分析，由于 1、3 号充电装置使用一段共用的正负极母线接于 1 组蓄电池组，且 1CT2、3CT2 传感器安装在此共用母线上，两者共同监测同一个电流。因此使用 3 号充电装置对 1 组蓄电池组进行充电时，1 号充电装置也可通过 1CT2 检测到此充电电流，1、3 号充电装置分别根据 1CT2、3CT2 传感器反馈来的充电电流值，与设置充电电流（120A）作比较，都做出限流动作：不断向整流模块发送降低限流值的指令，操作人员发现异常后将 3 号充电装置的切换把手切换至 O 位后，1 号充电装置恢复正常。

（2）1 号充电装置输出电压骤降分析。

1）事故时，3 号充电装置输出断路器投 1 组蓄电池组位，当 3 号充电装置为蓄电池充电时，3 号充电装置输出最大电流约达 160A（由 3CT2 传感器检测）（当时没带电池以外负荷，160A 全部为电池充电），这是由于整流模块交流上电时默认输出电压为 DC 220V（各厂家路由不同），当电池组电压较低时，会产生一定的冲击电流，但微机控制器会快速将充电电流调整到设定值，防止大电流长时间为蓄电池充电。冲击电流越大，调节差值越大。但此冲击电流为正常情况，后通过试验验证，冲击电流时间很短，3号充电装置调节时间很短，并不会造成1号充电装置输出电压持续下降。

2）由于3CT2存在一定的测量误差，当3号充电装置监控检测到120A时，实际电流输出达到129A。当3号充电装置稳定输出时，1号充电装置测量电池电流为129A，大于设置值为120A，故1号微机监控装置不断发送降低电流输出命令，表现为直流系统欠电压；当断开3号充电装置对电池输出后，1号充电装置1CT2检测到电池电流远小于120A，且电压低于均充或浮充电压值时，1号充电装置迅速向整流模块发出上调节电流命令，直至母线电压等于浮充电压230V，表现出直流母线电压迅速恢复正常。

针对此分析原因，现场在3号微机监控装置3EK对3CT2传感器系数进行修正（修正方法为在3号充电装置对蓄电池进行充电时，以盘柜上电流表作为参考对3CT2传感器进行系数修正）。系数修正后，再次在现场做模拟试验，未出现1号充电装置电压下降现象。

（3）1号充电装置无法维持输出电压分析。由于整流模块控制调节具有两个控制环路，分别为电压闭环和电流闭环。电流闭环控制置于电压闭环控制内，当电流输出值大于设置值时，模块进入限流控制逻辑，电压闭环不起作用，电压输出也无法调节。

故障时，1号充电装置及所带负载表现为一个电流源，负载维持不变，由于充电装置电流设定值与实际电流检测值差值大于1.5%，充电装置进入限流环节，输出电流不断下降，同时导致输出电压不断下降。

根据上述分析，造成事故的主要原因是：

1）1、3号充电装置共用一段母线接于1组蓄电池组，同时两个电流检测传感器接于此共用母线上，造成充电电流反馈信号与被控对象不一致。

2）3号充电装置蓄电池电流测量值（3CT2）存在误差，可能误差为 $[(129A-120A)/480A] \times 100\% = 1.875\%$，被控对象（电池充电电流值）未能真实反映出实际情况。

4. 处理过程

（1）将副厂房直流系统运行方式更改为Ⅱ母带Ⅰ母联络运行，将1、3号充电装置断电。

（2）分别新增3号充电装置至1、2蓄电池组的正负极母线，并将3CT1、3CT2安装至新增的正负极母线上。

（3）修改1、2、3号充电装置微机监控装置内部程序，新增电压限制环节。后针对现场情况，将电压限制条件母线电压低于200V且电流低于最大值的20%更改为母线电压低于220V且电流低于最大值的20%，以保证在发生电压异常下降过程中直流母线电压在正常范围内。

思 考 题

1. 简述直流系统的作用及运行方式。
2. 简述直流系统的组成。
3. 简述直流电源事故处理原则。
4. 该如何处置直流系统绝缘降低故障？

第六章　通信系统

本章概述

本章的主要内容包括通信系统的定义、通信系统的组成、通信相关的基本原理、通信系统运检相关事项等部分．通过本章的学习，读者可以对通信系统及其日常工作相关注意事项有较为全面的认识。

学习目标

学习目标	
知识目标	1. 熟悉电站通信系统主要设备组成。 2. 了解通信网络传输方式。 3. 熟悉通信系统设备巡检要点。 4. 熟悉通信系统设备日常维护内容。 5. 了解通信系统设备试验检测项目。
技能目标	能够对通信系统设备进行单独巡检。

第一节　通信系统概述

一、通信网络传输方式

通信网络是指将各个孤立的设备进行物理连接，实现人与人、人与计算机、计算机与计算机之间进行信息交换的链路，从而达到资源共享和通信的目的。

（一）通信网络传输方式分类

按照消息传送的方向与时间的不同，通信网络传输方式可分为单工通信、半双工通信及全双工通信。

按数据代码排列方式的不同，通信网络传输方式可分为串行传输、并行传输。

（二）通信网络传输方式介绍

1. 按照消息传送的方向与时间的不同分

（1）单工（simplex）通信。通信双方设备中发送器与接收器分工明确，只能由发送器向接收器的单一固定方向传输数据，如广播、遥控、无线寻呼等。

（2）半双工（half duplex）通信。通信双方设备既是发送器也是接收器，两台设备可以相互传输数据，但某一时刻只能向一个方向传输数据，为单条信道，如步话机、对讲机等。

（3）全双工（full duplex）通信。通信双方设备既是发送器也是接收器，两台设备可以同时在两个方向传输数据，需要双向信道，如电话等。

2. 按数据代码排列的方式分

（1）串行传输。串行通信是指通信双方按位进行，将数据在一根数据信号线上一位一位地进行传输，每一位数据都占据固定的时间长度。串行通信传输速度慢，但仅需单个信道，具有数据线少、节约成本的特点。串行通信还分为同步通信、异步通信。

1）同步通信。同步通信是一种连续串行传送数据的通信方式，一次通信只传送一帧信息。这里的信息帧与异步通信中的字符帧不同，通常含有若干个数据字符。

信息帧均由同步字符、数据字符和校验字符（CRC）组成。其中同步字符位于帧开头，用于确认数据字符的开始；数据字符在同步字符之后，个数没有限制，由所需传输的数据块长度来决定；校验字符有1~2个，用于接收端对接收到的字符序列进行正确性的校验。同步通信的缺点是要求发送时钟和接收时钟保持严格同步。

2）异步通信。异步通信中有两个比较重要的指标，即字符帧格式和波特率。数据通常以字符或者字节为单位组成字符帧传送。字符帧由发送端逐帧发送，通过传输线被接收设备逐帧接收。发送端和接收端可以由各自的时钟来控制数据的发送和接收，这两个时钟源彼此独立，互不同步。

接收端检测到传输线上发送过来的低电平逻辑"0"（即字符帧起始位）时，确定发送端已开始发送数据，每当接收端收到字符帧中的停止位时，就知道一帧字符已经发送完毕。

（2）并行传输。并行通信是同时传送多位数据，可以字或字节为单位并行进行。并行传输不仅可用于基带传输系统，还可用于频带传输系统中，如多载波调制（MCM），其中典型的技术就是正交频分复用（OFDM）。其特点为以增加处理运算量为代价，采用多个信道传输，大大降低了每个子信道的码元传输速率，可有效抵抗信道干扰，降低传输差错率。

并行通信速度快，但用的通信线多、成本高，故不宜进行远距离通信。计算机或PLC各种内部总线、底板总线采用的是并行通信。

二、通信系统设备基本组成

（一）通信系统的基本概念

通信系统是用以完成信息传输过程的所有技术系统的总和。系统通常是指由具有特定功能、相互作用和相互依赖的若干单元组成的、完成统一目标的有机整体。

（二）通信系统的一般模型

一般来说，通信系统模型分为模拟通信系统模型和数字通信系统模型。

（1）模拟通信系统模型。利用正弦波的幅度、频率或相位的变化，或者利用脉冲的幅度、宽度或位置变化来模拟原始信号，以达到通信目的的模型。模拟信号波形如图 6-1-1 所示。

（2）数字通信系统模型。用数字信号作为载体来传输消息，或用数字信号对载波进行数字调制后再传输的通信方式。数字信号波形如图 6-1-2 所示。

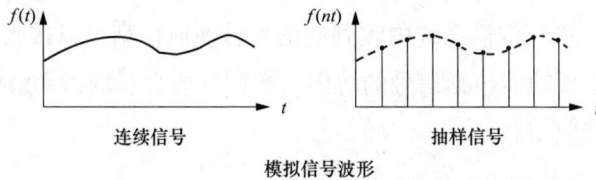

图 6-1-1　模拟信号波形

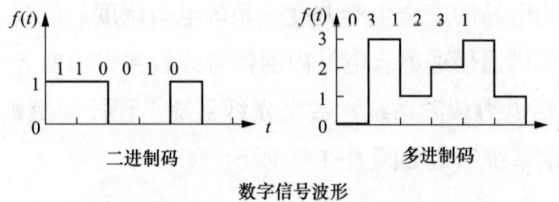

图 6-1-2　数字信号波形

（三）通信系统基本组成

通信系统基本组成包括信源、发送器、信道、接收器和信宿五部分。模拟、数字通信系统组成分别如图 6-1-3、图 6-1-4 所示。

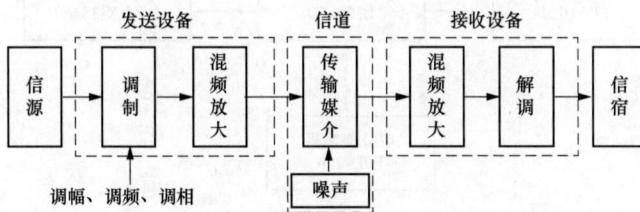

图 6-1-3　模拟通信系统组成

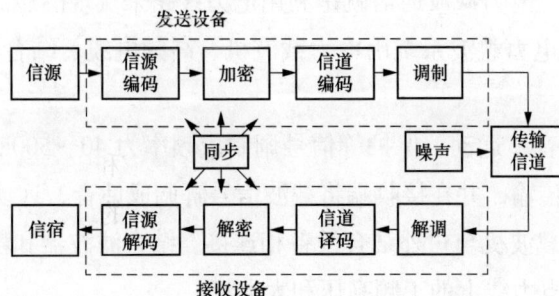

图 6-1-4　数字通信系统组成

（1）信源：产生各种信息的信息源，可以是人或机器（如计算机等）。

（2）发送器：负责将信源发出的信息转换成适合在传输系统中传输的信号。对应不同的信源和传输系统，发送器会有不同的组成和信号变换功能，一般包含编码、调制、放大和加密等功能。

（3）信道：信号的传输媒介，负责在发送器和接收器之间传输信号。通常按传输媒介的种类可分为有线信道和无线信道；按传输信号的形式则可分为模拟信道和数字信道。

（4）接收器：负责将从传输系统中收到的信号转换成信宿可以接收的信息形式，其作用与发送器正好相反。主要功能包括信号的解码、解调、放大、均衡和解密等。

（5）信宿：负责接收信息。

（四）电站通信系统简介

1. 电站通信系统组成

电站通信系统主要为电站的安全生产调度、系统电力调度、行政业务管理、远动自动化信息联网等功能的实现提供通信通道。电站内通信方式较多，功能齐全，种类繁多。抽水蓄能电站通信系统一般包括电力载波系统、数字光纤系统、程控交换机系统（含调度程控机）和电源系统等。模拟通信系统组成如图 6-1-5 所示。

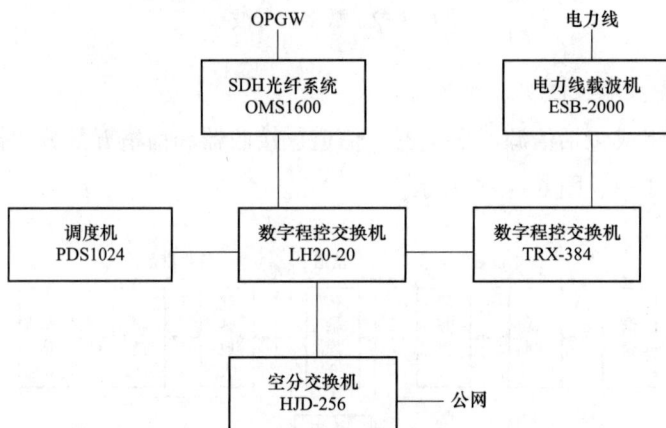

图 6-1-5　模拟通信系统组成

（1）电力载波系统。电力载波通信就是利用电力线路来实现的载波通信，这是电力系统独有的一种通信方式。电力载波系统由电力载波机、高频电缆、结合滤波器和耦合电容器、高频阻波器等组成。

电力载波机是将话音、远动、保护等信号调制成频率为 40～500kHz 范围内、适合电力线传输的载波信号进行传输，并在接收端将载波信号解调成话音、远动、保护等信号。

高频电缆是将电力载波机与户外结合设备相连接。结合滤波器和耦合电容器是为载波信号提供通道，同时隔断电力线上的工频高压和大电流。

高频阻波器用于阻止载波信号泄露进发电厂或变电站内，保证载波信号沿电力线传至对端。

（2）数字光纤系统。光纤的基本结构是把折射率高的媒介做成芯线，而在芯线外层周围加上折射率低的媒介作为包层，光缆是将光纤芯线化，并把它们集束在一起构成的，利用光在高折射率媒介中的聚焦特性传输光信号，这就是构成光纤的理论。

用于光纤通信的光纤有四种类型，即多模光纤、单模光纤、色散位移单模光纤以及1550nm最低衰减单模光纤。多模光纤一般只适合于低速率短距离传输；单模光纤由于其传输特性优越，价格便宜等特点，被广泛应用于长距离大容量光通信系统。

光纤通信是利用光波在光导纤维中传输信息的通信方式。其原理是在发送端首先要把传送的信息变成电信号，然后调制到激光器发出的激光束上，使光的强度随电信号的幅度（频率）变化而变化，并通过光纤发送出去；在接收端，检测器收到光信号后将其变换成电信号，经解调后恢复原信息。

（3）程控交换机系统。程控电话交换机系统就是在存储程序控制下，为任意两个终端之间建立或拆除通信通道，具有接口功能、交换接续功能、控制功能、运行维护功能等。

（4）电源系统。电源系统是通信系统的重要组成部分。对通信电源系统的基本要求是可靠性和稳定性。一般通信设备发生故障的影响面较小，是局部性的，但如果通信电源系统一旦发生故障，通信系统将全部中断，所以电源系统必须要有备份设备，电源设备要有备品备件，市电要有双路或多路输入，交流和直流互为备用。防雷措施要求完善，设备允许的交流输入电压波动范围大，应有多重备用系统以防电源系统发生电源完全中断故障。

2. 电站通信系统主要设备

电站通信系统主要设备包括传输复用设备、电话交换设备、接入设备、通信配线设备及通信电源设备五部分。

（1）传输复用设备。传输复用设备一般有复用器（MUX）和解复用器（DEMUX）成对使用，复用器就是把大量的信号以一定的方式复合在一起，以便传输；解复用器就是按照复用器复合的方式把复合在一起的信号分离开，以便后续分析。

（2）电话交换设备。主要是电话交换机这一种特殊用途的用户交换机。

（3）接入设备。接入设备是指接入网中业务节点接口（SNI）和相关用户网络接口（UNI）之间的一系列传输数据的实体。

（4）通信配线设备。根据通信配线设备所连接通信电缆（光缆）及传输信号的种类不同，通信配线设备一般包括总配线架、数字配线架和光纤配线架。另外，综合布线所需的连接模块也属于配线设备的种类之一（也称带宽模块）。

（5）通信电源设备。通信系统电源设备一般由不间断电源系统供给，主要包括双路交流市电接入设备、高频开关电源、蓄电池组、UPS等。

作为通信系统的"心脏"，通信电源在通信局（站）中具有无可比拟的重要地位，其包含的内容非常广泛，不仅包含 48V 直流组合通信电源系统，而且还包括 DC/DC 二次模块电源、不间断电源（UPS）和通信用蓄电池等。通信电源的核心基本一致，都是以功率电子为基础，通过稳定的控制环设计，再加上必要的外部监控，最终实现能量的转换和过程的监控。通信设备需要电源设备提供直流供电。电源的安全、可靠是保证通信系统正常运行的重要条件。

第二节 通 信 设 备 运 检

一、通信系统巡检

（一）概述

1. 巡检的目的

通信系统巡检是对通信机房内的设备、电源、环境开展定期巡视检查，尽早发现设备报警、环境隐患等，防止因处置不及时而造成设备事故的发生。

2. 巡检的分类

巡检主要分为日常巡检、专业巡检和特殊巡检三类。

日常巡检指按照运行时间规定对通信机房内的设备、设施进行一般性、非实质性的检查巡检工作。一般由通信专业人员开展，也可以由电站运行人员或电气值班人员开展。

专业巡检指通信专业人员按照规程规定的要求对机房内、外设备、设施开展的巡检、维护、检测与试验工作，一般与定期工作结合进行。

3. 巡检的周期

日常巡检一般要求通信系统每天完成一次巡检工作，在重要节日或特殊保电阶段应该增加巡检频次，可以在第一时间发现异常情况，确保通信系统运行稳定。专业巡检的周期可以结合设备运行和定期工作的实际情况开展，但原则上至少每月要开展一次。

通信光缆线路应定期巡检，一般情况应至少每月要开展一次。

（二）巡检内容及要求

1. 日常巡检主要内容

（1）机房环境温度应为 10～28℃，最好保持在 25℃左右，湿度控制在 30%～75%，最好保持在 50% 左右，不能有结露。

（2）通风空调、新风系统、浸水检测系统等环境检测设备运行正常，无告警；若机房内设有窗户，则需检查窗户是否密闭，无水进入机房。

（3）机房内卫生清洁干净、无灰尘、无异味，无易燃易爆、强磁性物品及杂物堆积；盘柜及设备表面无灰尘。

（4）机房内摄像头、门禁、红外告警等设备工作正常，无报警。通信电源交流柜、整流柜、直流分配屏等各进线开关、负荷开关均在合闸位置,电压、电流在正常范围。

（5）通信蓄电池外观正常,无外壳膨胀、开裂、漏液、异常发热等现象,各节电池连接处牢固,无脱落。

（6）各机柜内通信设备运行正常,双电源供电无一路失电,设备无故障、无报警。

（7）检查数字配线架（DDF）、光纤配线架（ODF）、音频线配线架（MDF）等配线架防尘帽完备,无脱落、缺失。

（8）机柜内设备、网线标识、标签清晰牢固,无破损、无脱落;MDF、DDF、ODF、光终端盒等所有配线、尾纤对重要通道有明显标识。

（9）通信设备布线应有序整齐,标识清晰准确。

（10）承载继电保护及安全稳定装置业务的设备及缆线等应有明显区别于其他设备的标识。

（11）机房内气体灭火系统运行正常,无报警,气瓶在校验合格期限内,通信电源室内防爆灯具、通风换气设施工作正常。

（12）电缆沟道无积水、杂物,防火封堵应完好,不存在火灾隐患或异常情况。电缆沟、电缆室出入处、机房出入处、机柜底座的孔、洞的防小动物的封堵措施应完备。

（13）动力环境监测系统上无告警,接收的各系统信号显示正常,数据未断线。

2. 专业巡检主要内容

（1）检查光传输设备的滤网积灰情况,定期进行滤网清扫、设备除尘工作。检查光传输设备业务通道运行正常,通道收发信电平、误码率在正常范围。

（2）检查调度、行政交换设备中继线和迂回路由工作情况,对交换设备的数据进行备份。

（3）检查调度台、话务台、录音系统等设备的工作正常。

（4）检查通信电源交流柜进线开关在合闸位置,三相电压、电流在正常范围,自动切换控制器（ATS）切换在指定位置,定期交流切换试验;整流柜进线开关、熔断器在合闸位置,整流后直流电压在标准范围内,每块整流模块均正常运行,无报警;负载开关均在合闸位置,负载电流在标准范围内,无报警。

（5）蓄电池外观检查,对单节蓄电池的内阻、温度、电压进行测试;定期对蓄电池进行充放电试验。

（6）检查机柜内配线规范,走线标准,对杂乱的线进行绑扎;配线、标识标签资料与现场实际核对清楚、及时更新。

（7）检查通信机房监控系统数据正常存储,保存天数满足要求。

（8）OPGW光缆引下线应顺直美观、固定牢固,不应与杆塔碰擦,弯曲半径应符合工程设计要求。

（9）引下线余缆箱三点接地绝缘性能良好,箱内无积水,安全警示标志应齐全醒目。

3. 特殊巡检要求

（1）重要保障时期需每天 1 次巡检。

（2）设备异常或带缺陷运行时。

（3）主要辅助设备失去备用时。

（4）气候条件变化后（如洪水、地震、雷雨、大风、大雪、大雾、高温、低温）对其有影响的设备。

（5）新投产设备、大修或改进后的设备第一次投运时。

（6）发生事故的同类设备或可能受其影响的设备。

二、通信系统操作

通信系统操作主要为通信直流电源相关设备的操作。

（一）通信直流电源操作原则

（1）倒闸操作过程中应保证通信直流电源母线不间断供电。

（2）不应在通信直流存在接地故障、告警和缺陷的情况下进行倒闸操作。

（3）倒闸操作应在浮充电运行方式下进行。

（4）倒闸操作过程中允许两组蓄电池短时并联运行。

（5）通信直流电源运行时，禁止蓄电池组脱离直流母线。

（二）通信直流电源操作注意事项

（1）倒闸操作前应检查两组充电装置的母线电压、负荷电流。

（2）两段通信直流母线并列运行的倒闸操作前应保证两段母线电压极性一致；倒闸至一台充电机带两段母线运行过程中，合上联络断路器（隔离开关）后，当一台充电机退出运行后，应检查两段母线的负荷电流都已转换至运行的充电机，并检查两段母线电压一致。检查正常后，才可退出相应的蓄电池组。

（3）在倒闸操作过程中，应监视通信直流电源设备工作正常、表计显示正确、无故障信号及告警信号，如出现异常应停止操作，待查明原因后方可继续操作。

（4）充电装置在检修结束恢复运行时，应先合交流侧断路器，再合直流侧断路器。

（5）直流熔断器或直流断路器故障需更换时，宜采用同厂家、同型号产品，且应注意熔断体额定电流、直流断路器额定值、极性、电源端接线正确，防止因其不正确动作而扩大事故。

（6）机组运行期间，不宜进行通信直流系统倒闸操作。

三、通信系统日常维护

（一）光传输设备风扇滤网清扫

光传输设备的风扇滤网需要每个月进行一次清扫工作，清扫时需将滤网抽出，注意滤网若水洗清扫则需要将滤网上的水擦拭干净后方可放回，防止潮气进入电子设备中造成损坏。工作结束后应保证风扇外观光亮、无尘、无锈蚀，滤网清洗干净。

（二）程控交换机状态检查及数据备份

每个季度进行一次程控交换机的状态检查及数据备份，通过交换机登录系统连接程控交换机数据库，对数据库进行备份操作，备份的数据确认保存无误。在备份过程中若出现异常中断，则需要立即停止备份工作，将数据恢复到备份操作前状态。

（三）备用光纤测试

每季度通过光时域反射仪等通信专用工具对通信光缆的备用光纤进行测试，检查备用光纤通道传输正常，光纤线路衰耗、熔接点损耗的测试值在工程设计的允许范围内，配线架走线整齐，标示清楚。

（四）卫星电话测试

每季度对卫星电话终端进行测试，保证卫星电话能正常通话，确保在通信系统瘫痪时作为应急手段与上级调度取得联系，不影响机组的继续运行。

（五）导引光缆、通信线缆及沟道定期检查

检查通信机房内线缆外表无损伤，标牌标识完好、清晰；电缆沟道内无积水、杂物，防火封堵完好。通信光缆应与动力电缆分沟道敷设，若检查时发现应及时纠正。

四、通信系统试验检测

通信系统设备试验检测包含移交试验及周期性试验。

（1）通信系统设备移交试验项目主要有：

1）通信站应配置专用不停电通信电源系统，以及两路可靠的交流电源输入，并且能够自动切换。

2）通信高频开关电源整流模块应按 $N+1$ 原则配置，且能可靠地自动投入和自动切换。

3）当交流电源发生中断时，通信专用蓄电池组独立供电时间应不小于 8h。

4）厂内通信缆线应与动力电缆分层敷设，同时应完善防火阻燃和阻火分隔等项安全措施，并绑扎醒目的识别标志。

5）新建电厂的厂内通信缆线应采用不同路径的电缆沟道、电缆竖井进入通信机房和主控室，尽量避免与一次动力电缆同沟布放。

6）进入机房的通信电缆应首先接入保安架，保安配线架固定牢靠，防雷装置性能、接地良好，通信电缆空线在配线架上接地。

（2）通信系统设备周期性试验项目主要有：

1）同步数字体系（SDH）光传输系统收发光功率测试（测备用芯）。

2）光缆线路光纤衰耗测试（测备用芯）。

3）蓄电池单体电压测试。

4）蓄电池核对性放电。

5）48V 高频开关电源切换测试。

6）机房接地网测试（机房接地导通试验）。

五、通信系统典型故障及处置方法

通信系统故障发生一般比较突然，发现后需要通过现场情况判断事故源头，尽快消除故障，防止造成故障扩大，影响通信系统设置甚至电网的运行。

（一）通信设备板卡故障处理

1. 故障现象

机柜上的报警指示灯或 SDH 交换机的各种板卡报红灯告警，例如光接口卡（单端口光卡，多速率光卡）、交叉矩阵卡、控制卡等板卡故障。

2. 处置方法

（1）在故障处理期间，观察并记录告警指示灯颜色及状态有助于对故障原因进行分析，找准故障点才能彻底消除故障。

（2）向调度员汇报通信系统故障情况并告知调度员我方的联系电话。

（3）专业人员更换备用板卡，并汇报调度，缺陷消除。

3. 注意事项

SDH 光纤传输设备含有不同业务，如需对其进行故障处理时，请及时告知相关上级单位。

（二）调度或行政通信中断故障

1. 故障现象

（1）厂房移动和电信手机信号同时丢失，无法拨打电话。

（2）全厂固定电话通信故障，无法拨打电话。

（3）与调度传输的业务突然中断。

2. 处置方法

（1）若调度电话故障，应利用卫星电话（需在空旷的地方搜索到卫星信号）与调度保持联络。

（2）若厂房手机信号全部丢失时，中控室当班值守人员利用消防广播通知厂房内人员不要慌乱，必要时停止工作有序撤离厂房。

（3）现场处置人员及时查找通信网络中断原因，利用备用设备或备用通道，尽快恢复通信。

（4）若话务台不能接听电话时，可将话务台退出，重新启动，若重启后仍不正常，通知专业人员检查处理。

（5）针对检查出来的问题，及时汇报调度，进行消缺。

3. 注意事项

（1）调度通信中断故障时，根据现场实际情况，保证在运通信设备继续稳定运行，防止事故进一步扩大。

（2）调度通信故障时，应利用卫星电话（需在空旷的地方搜索到卫星信号）与调度保持联络，同时不得放弃正常方式的联系，应坚持用直拨电话的方式呼叫调度，直到通信恢复正常。

（3）调度通信故障期间，机组启、停及负荷安排，调度管辖的设备应尽保持现状不变；此时若发生事故或机组运行期间水库安全运行受到威胁，应立即停机，并汇报公司领导。

（4）在调度交换机进行插拔用户板或中继板等需要戴防静电手腕带。

（5）对于经过室外的电缆引入线或引出线，工作完毕后要立即在配架上恢复防雷保安器，以防雷击。

（6）事故处置时应注意工器具的使用和个人安全防护，防止人身触电。

（7）若因机房起火造成事故发生，应立即切断设备电源，利用消防设施组织人员控制火势，并疏散人群，防止事故进一步扩大。

（8）通信系统恢复后，检查各通信系统的恢复状况，检查机房消防设备是否正常可用，保证系统全面恢复正常。

（三）调度通信中断故障

1. 故障现象

（1）自然灾害、电缆道火灾或人为外力破坏引起的厂内大面积通信电缆中断。

（2）调度电话通知或监盘发现自动化、线路保护、频率协控等数据无法发送至调度。

（3）机房电源、空调、通信（或其他）设备及外部引入的火灾事故，造成通信设备损坏。

2. 处置方法

（1）调度通信中断期间，机组启、停及负荷安排，调度管辖的设备应尽保持现状不变。

（2）现场处置人员及时查找通信网络中断原因，利用备用设备或备用通道汇报调度，在最短时间内消除故障。

（3）通信电源故障造成行政交换机故障时，应立即排查故障原因，进行消缺，若短时间无法恢复的，应及时接入临时电源优先恢复设备的运行，保证通信功能正常使用。

3. 注意事项

（1）调度通信中断故障时，现场处置人员根据现场实际情况，保证在运的通信设备继续运行稳定，防止事故的进一步扩大。

（2）先期处置期间，利用备用设备或通道，保障与调度通信业务的数据传输可用。

（3）事故处置时应注意工器具的使用和个人安全防护，防止人身触电。

（4）若因机房起火造成事故发生，应立即切断设备电源，利用消防设施组织人员控制火势，并疏散人群，防止事故进一步扩大。

（5）通信系统恢复后，检查各通信系统的恢复状况，检查机房消防设备是否正常可用，保证系统全面恢复正常。

思 考 题

1. 电站通信系统的基本组成包括哪些？
2. 通信系统的常见操作有哪些？
3. 通信系统的日常维护包括哪些项目？

参考文献

［1］李浩良，孙华平. 抽水蓄能电站运行与管理［M］. 杭州：浙江大学出版社，2013.

［2］冯伊平. 抽水蓄能运维技术培训教程［M］. 杭州：浙江大学出版社，2016.

［3］国网新源控股有限公司. 计算机监控系统［M］. 北京：中国电力出版社，2019.

［4］陈启卷，李延频. 水电厂计算机监控系统［M］. 北京：中国水利水电出版社，2010.

［5］梁建行，高光华，易先举，等. 水电厂计算机监控系统设计［M］. 北京：中国水利水电出版社，2013.

［6］国网山东省电力公司电力科学研究院. 继电保护故障处理技术与实力分析［M］. 北京：中国电力出版社 2022.

［7］国网新源控股有限公司. 抽水蓄能机组及其辅助设备技术 励磁系统［M］. 北京：中国电力出版社，2019.

［8］胡虔生，胡敏强. 电机学［M］. 北京：中国电力出版社，2009.

［9］国网新源控股有限公司. 抽水蓄能机组及其辅助设备技术 静止变频器［M］. 北京：中国电力出版社，2019.

［10］李崇坚. 交流同步电机调速系统（第二版）［M］. 北京：科学出版社，2018.

［11］胡定林. 多出口继电保护装置智能跳闸矩阵测试仪的研制与应用［J］. 机电信息，2017(33).

［12］李天毅，杨春霞，张捷，等. 跳闸矩阵在水电站机组紧急停机流程中的应用［J］. 水电站机电技术，2021(44).

［13］国家能源局. 继电保护和安全自动装置运行管理规程：DL/T 587—2016［S］. 北京：中国电力出版社，2017.

［14］国家能源局. 大型发电机变压器继电保护整定计算导则：DL/T 684—2012［S］. 北京：中国电力出版社，2012.

［15］国家能源局. 继电保护和电网安全自动装置检验规程：DL/T 995—2016［S］. 北京：中国电力出版社，2017.

［16］国家能源局. 大中型水轮发电机静止整流励磁系统技术条件：DL/T 583—2018［S］. 北京：中国电力出版社，2018.

［17］国家能源局. 大中型水轮发电机自并励励磁系统及装置运行和检修规程：DL/T 491—2024［S］. 北京：中国电力出版社，2024.

［18］国家能源局. 电力系统稳定器整定试验导则：DL/T 1231—2018［S］. 北京：中国电力出版社，2018.

［19］国家能源局. 抽水蓄能机组静止变频装置运行规程：DL/T 1302—2013［S］. 北京：中国电力出版社，2013.

［20］中华人民共和国国家质量监督检验检疫总局，中国国家标准化管理委员会. 抽水蓄能发电电动机变压器组继电保护配置导则：GB/T 32898—2016［S］. 北京：中国标准出版社，2017.

［21］国家市场监督管理总局，国家标准化管理委员会. 继电保护和安全自动装置技术规程：GB/T 14285—2023［S］. 北京：中国标准出版社，2024.

［22］中华人民共和国国家质量监督检验检疫总局，中国国家标准化管理委员会. 抽水蓄能机组静止变频启动装置试验规程 GB/T 32899—2016［S］. 北京：中国标准出版社，2017.